U0194883

2016居然杯
CIDA中国室内设计大奖
学院奖获奖作品集

WORKS COLLECTION OF ACADEMY AWARDS OF THE
JURAN CUP CIDA CHINA INTERIOR DESIGN AWARD, 2016

 中国室内装饰协会 编
杨冬江 主编

中国建筑工业出版社

图书在版编目（CIP）数据

2016居然杯CIDA中国室内设计大奖学院奖获奖作品集 ／中国室内装饰协会编；
杨冬江主编．—北京：中国建筑工业出版社，2016.11

ISBN 978-7-112-20088-7

Ⅰ．①2… Ⅱ．①杨… ②中… Ⅲ．①室内装饰设计—作品集—中国—现代
Ⅳ．①TU238

中国版本图书馆CIP数据核字（2016）第265784号

责任编辑：唐　旭　吴　绫　李东禧　张　华
装帧设计：倦勤平面设计工作室
责任校对：陈晶晶　刘梦然

2016居然杯CIDA中国室内设计大奖学院奖获奖作品集
中国室内装饰协会 编
杨冬江 主编
＊
中国建筑工业出版社出版、发行（北京西郊百万庄）
各地新华书店、建筑书店经销
倦勤平面设计工作室制版
北京方嘉彩色印刷有限责任公司印刷
＊
开本：880×1230 毫米　1/16　印张：12 ½　字数：387千字
2016年11月第一版　2016年11月第一次印刷
定价：138.00元
ISBN 978-7-112-20088-7
（29563）

前言

中国室内装饰协会自2012年首次推出"CIDA中国室内设计大奖"，历经四年的精心培育，依托国内一流艺术院校和专业设计机构的学术支持，迅速在业内建立了权威地位，呈现出专业性、学术性、高端化的鲜明特点，生动展现了我国室内设计发展的实践特色、民族特色和时代特色，并得到了设计界同行的踊跃参与，迅速成为国内备受瞩目的权威奖项。2015年，在中央美术学院、清华大学美术学院、中国美术学院、广州美术学院、天津美术学院、鲁迅美术学院、四川美术学院、西安美术学院、湖北美术学院九大艺术院校共同发起下，中国室内装饰协会决定在"CIDA中国室内设计大奖"的评选基础上，增设"CIDA中国室内设计大奖学院奖"。

2016"CIDA学院奖"在上一届的基础上，进一步扩大至全国各高等院校的参与范围。收到来自全国30余所高等专业院校，近200个室内设计作品。作品涵盖博物馆、办公室、剧场、书店、酒店等公共空间的室内设计，也有以人文本、关注民生的居住空间探索，获奖项目将于2016年11月29日在清华大学大礼堂举行的"2016中国室内设计颁奖盛典"上隆重颁发。

期待"CIDA学院奖"在各界朋友大力支持下，在国家创新发展战略的时代背景下，明确目标与定位，进一步发掘中国室内设计专业教育与学术研究领域的优秀人才与学术成果，探索创新型设计人才的培养途径，促进专业教育教学与室内设计行业更深层次的互动交流，推动我国室内设计教育在全球化视野下的多元发展。

中国室内装饰协会会长　刘翊

2016年10月18日

专家评审委员会寄语

室内设计专业是面向人居环境的微观系统。室内设计以优化生活品质，创造健康生态的生活方式为宗旨，以环境设计的系统控制整体观念为指导。室内设计教学以解决问题为导向，追求环境审美体验的创作，努力实现开放、交叉与融合的专业教学理念，推动室内设计教育的特色创新。

2016居然杯CIDA中国室内设计大奖学院奖评委会主任　郑曙旸

每年这个时候都充满喜悦的心情，看到不少年轻人的优秀设计作品脱颖而出，从他们的作品中看出，他们对传统文化的态度，对当下的思考，看到了中国设计的进步，看到了中国设计的未来。

2016居然杯CIDA中国室内设计大奖学院奖评委　林学明

CIDA中国室内设计大奖学院奖是中国室内设计教育最重要的奖项之一，很荣幸今年有机会担任评委，看到近四十多间专业院校的积极参与，当中的设计作品水平很高，可见中国室内设计的竞争力日渐提升，行业及人才培育都有良好的发展！期望得奖者承前启后、继往开来，为设计带来新的想法和创建，为社会创造美好未来。

2016居然杯CIDA中国室内设计大奖学院奖评委　梁志天

设计是一项创造性的工作，是技术与艺术、理论与实践完美结合的综合体现。校园是学生汲取理论知识，初识技术规范的圣地。学院设计大赛是一个很好的载体，它让学生进一步了解了行业、清晰了市场，最终完成独立走向社会，融入社会。创意成就梦想，祝各位获奖学生前程似锦，实现自己心中梦想！

2016居然杯CIDA中国室内设计大奖学院奖评委　沈立东

CIDA中国室内设计大奖学院奖的举办，为莘莘学子提供了更为广阔的空间和舞台，鼓励学术性、创新性和前瞻性是学院奖坚守的宗旨与目标，愿学院奖越办越好！

2016居然杯CIDA中国室内设计大奖学院奖评委　杨冬江

目录

009
大奖

015
金奖

029
银奖

043
铜奖

063
优秀奖

大奖

009_013

项目名称：今夕交融　故里重居——北方新民宿方案设计
作　　者：李　娜
单　　位：内蒙古师范大学
指导老师：杨正中

舍

故里重居 IN THE 交融
今昔 HOMETOWN

今夕交融·故里重居

故里重居

IN THE 今昔 交融 HOMETOWN

今夕交融·故里重居

金奖

015_027

项目名称：交错与扭转——寄于林中书吧

作　　者：朱利朋

单　　位：东南大学

指导老师：朱　丹

1:200 一层平面图

1:200 二层平面图

1:200 A-A剖面图

1:200 B-B剖面图

设计位于中国的一个树林中，是一栋和自然融为一体的书吧。不同旋转角度的木板交错放置，中间填充玻璃。旋转的样式具有别样的动感美，同时由于设计木板的尺寸，人可以从户外上到屋顶，80cm的木板高度又可以使人坐在上面看书，在户外充分感受自然之美。

室内的设计以木材为主，主色调为暖色，给读者温馨愉悦之感。精心设计的书架与弧形的板凳给人以别样的阅读体验。在书架中间引入树木，更彰显在自然中阅读之趣。台阶即是台阶又是座椅，读者可以坐在上面看书、学习。楼梯下面同样是精心设计的书架，更多了几分古色古香的愉悦气息。

室外楼梯及座位系统

室内楼梯及座位系统

项目名称：消失的能量——末日海洋库展览空间设计
作　　者：陈巧燕
单　　位：福州大学
指导老师：梁　青、叶　昱

消失的能量
——末日海洋库展览空间设计

现象3 海洋资源

北立面图

东立面图   西立面图

建筑效果图 ARCHITECTURAL RENDERINGS

室内效果图 INTERIOR DESIGN
污染展厅

触碰一个灯，相当于垃圾污染增加一份

项目名称：拯救与再生——川南传统民居保护与可持续设计
作　　者：卢睿泓、林　莉
单　　位：四川美术学院
指导老师：余　毅

拯救與再生
川南傳統民居保護與可運用研究
——以自贡仙市陈家祠堂为例

学 生 卢睿泓、林莉
指导教师 余 毅

1
陈家祠建筑鸟瞰图

项目背景

我国是一个拥有悠久历史文化大国，传统文化是中华文明的精粹和根基。因此保存着许多具有历史意义的古建筑。随着城市化的进程，科技的发展，时代的进步，新农村的建设，大众对于传统文化的淡视，对于古建筑的破坏日益严重。因此传统的建筑对于当今的社会就更为重要。通过此次对于川南民居陈家祠堂的调查研究，可以达到挖掘历史，还原历史，保护传统建筑的格局，风貌及尺度，实现地域文化的传承，加强大众对于传统建筑的认知度，唤起大众对于传统文化历史的重视。对于传统文化，建筑祠等的保护已经成为了时代的主题。

建筑测绘

建筑结构图

建筑细部结构

建筑细部结构

建筑立面形态

项目名称："地景与庭院"之设计师自宅空间概念设计
作　　者：李　云
单　　位：东北师范大学
指导老师：王铁军

LDNDSCAPE AND GARDEN
THE DESIGNER FROM CONCEPTUAL DESIGN SPACE HOUSE

"地景与庭院"之设计师自宅空间概念设计

LDNDSCAPE AND GARDEN
THE DESIGNER FROM CONCEPTUAL DESIGN SPACE HOUSE

"地景与庭院"之设计师自宅空间概念设计

项目名称：不止50°柳编创客工作室
作　　者：廖雯静
单　　位：广州美术学院
指导老师：卢海峰

/ 不止 50°柳编创客工作室 /

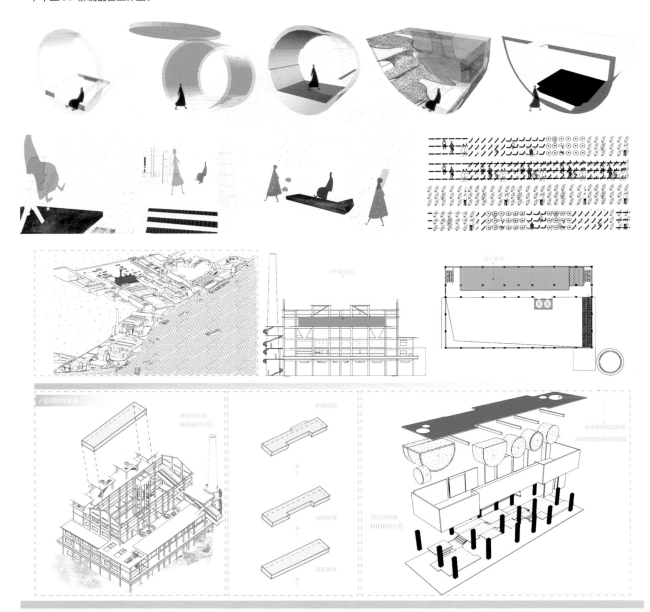

项目名称：东风渐新中式精品酒店设计
作　　者：米　甜
单　　位：山东工艺美术学院
指导老师：梅剑平

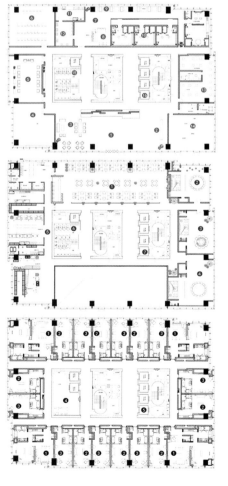

一楼

❶大堂
❷大堂前台
❸大堂吧
❹便利店
❺接待室
❻会议室
❼SPA养生区
❽SPA养生等待区
❾SPA养生休息区
❿按摩室
⓫操作室
⓬饮品制作区
⓭办公室
⓮礼品店
⓯卫生间
⓰精品酒店专用电梯

二楼

❶开敞式餐厅
❷包厢1
❸包厢2
❹包厢3
❺厨房
❻卫生间
❼精品酒店专用电梯

三楼

❶行政套房
❷大床房
❸标间
❹客房服务
❺精品酒店专用电梯

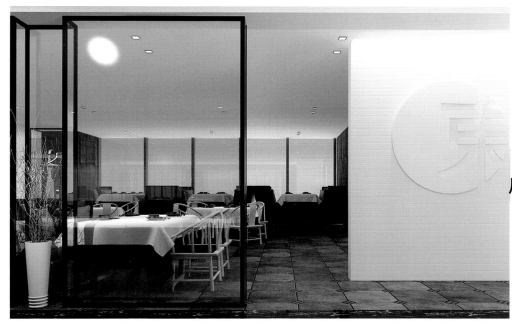

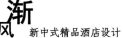

渐风 新中式精品酒店设计

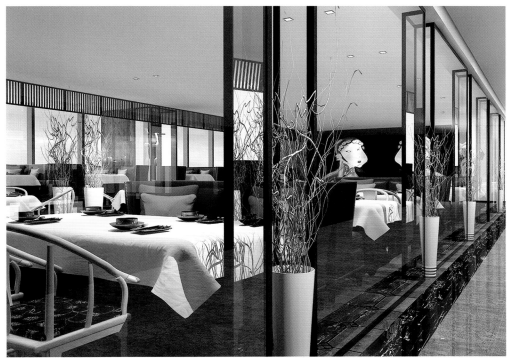

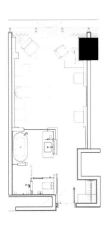

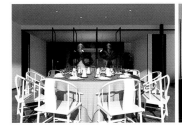

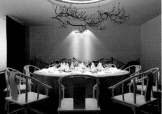

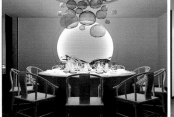

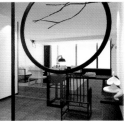

项目名称：自然本位——有机图书馆
作　　者：王佳音
单　　位：鲁迅美术学院
指导老师：张　旺

自然本位 有機圖書館 ——從自然及生物形態中汲取營養，才爲"活着"建築生命體
NATURAL STANDARD ——ORGANIC BOOK

项目名称：福海工业园区C3-2栋建筑改造——改造中绿化策略探索
作　　者：刘奕麟
单　　位：清华大学美术学院
指导老师：苏　丹

深圳福海工业园区 C3-2 栋建筑改造 —— 绿化策略研究

● 设计说明：

　　本设计是对福海工业园区中的C3-2栋建筑进行改造。

　　本设计通过了解深圳的气候特征，学习垂直绿化的方式，参考垂直绿化相关案例等，建立了对垂直绿化的基本了解。以深圳福海工业园区 C3-2 栋建筑室内改造为例来进行室内垂直绿化的设计。

● 设计理念：

　　本设计是对福海工业园区中的 C3-2 栋建筑进行改造。

　　将原建筑厂房的性质改造为商业办公为一体的绿色建筑。建筑着重对原有建筑室内室外进行生态景观绿化改造。

● 建筑外观效果图

● 中庭绿化效果图

● 建筑西侧连廊绿化效果图

● 建筑中庭一层效果图

●室内改造绿化效果图 (1)

● 室内改造绿化效果图 (2)

深圳福海工业园区 C3-2 栋建筑改造 —— 绿化策略研究

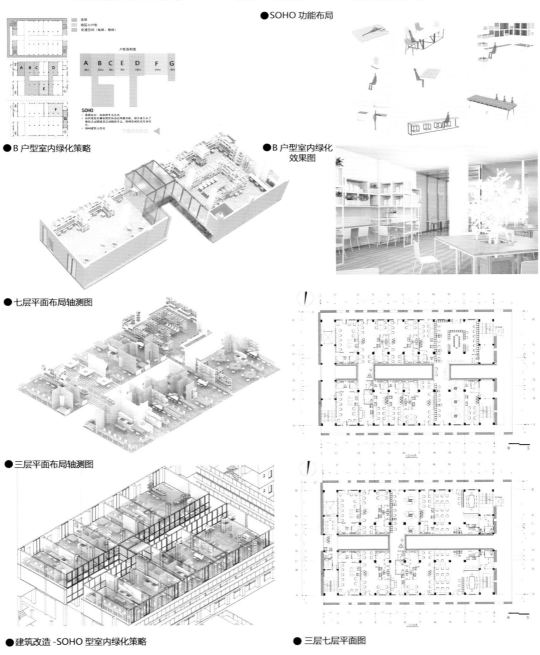

●SOHO 功能布局

●B 户型室内绿化策略

●B 户型室内绿化效果图

●七层平面布局轴测图

●三层平面布局轴测图

●建筑改造 -SOHO 型室内绿化策略

● 三层七层平面图

项目名称：废墟·重生——基于乡土旧房建筑人居空间探索
作　　者：袁向阳、谭力铭
单　　位：东北师范大学
指导老师：王铁军

清晨的第一缕阳光洒满一地，从憨憨的睡梦中惺忪醒来，它似从基地的土壤中自然地生长出来的，它符合这里的文化，这里的气质，这里的居住所习惯的一切。当人与空间、空间与文化的相遇，幻化为一生一次的珍贵体验。

茶室空间 Teahouse space

禅
茶

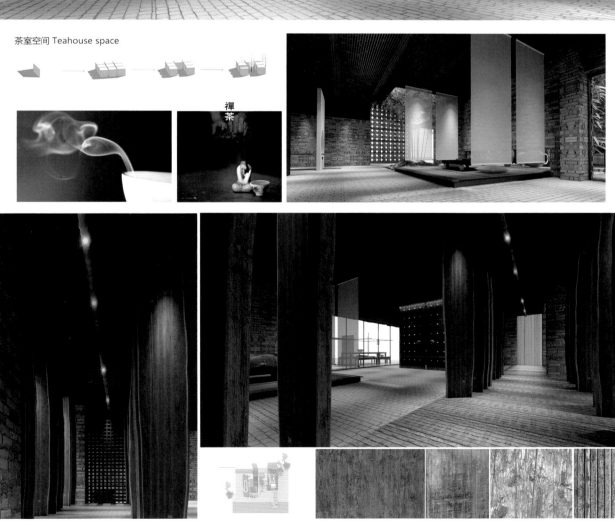

铜奖

043_061

项目名称：5x5住宅设计
作　　者：牛思懿、唐文佑
单　　位：北京工业大学
指导老师：王　叶、赵　航

5㎡×5㎡ 住宅

5㎡×5㎡ HOOM

■ Perspective

01 Kitchen And Dining Room

■ 简约风格

■ 本方案为5㎡×5㎡范围内竖向设计的三层住宅，简约的设计风格适合追求时尚又不受约束的青年居住,室内的风格崇尚少即是多，装饰少，功能齐全，十分符合现代人渴求简单生活的心理。 室内采用简约明朗的色调，面对扰嚷的都市生活，一处能让心灵沉淀的生活空间。

► 一层厨房餐厅效果图

■ 混凝土的特殊的浅灰色与光滑肌理柔和却又极富力度

01 Kitchen And Dining Room

■ 开放式的厨房设计给人以通透之感，避免视觉给人带来的压迫感，可缓解业主工作一天的疲惫。没有夸张，不显浮华，通过过于干干净净的设计手法，使业主全身心投入到烹饪的乐趣中来，这样的设计还方便业主邀请朋友到家中聚餐，开敞明亮，不受拘束。

■ Plan　　　　■ Elevation　　　　■ Elevation　　　　■ Elevation

Kitchen and Dining room

01

5m² × 5m² 住宅

5m² × 5m² HOOM

简约风格

■ 客厅 设计采用简约现代的风格是思想追求和精神情趣的直接反映

Living Room

O2

■ 沙发围绕着茶几，沙发独立成组靠在一侧，给人一种舒适安静的感觉。电视墙的装饰采用了大面积灰色木质格栅，通过木板勾缝使原本单调的墙面装饰增添了几许趣味，充分利用了房体的高度，营造了视觉上高敞宽阔的效果。吊顶只简单做了一个L造型，凸显简洁流畅的设计风格。

二层客厅效果图

O2 Study

■ 书房 是读书写字或工作的地方，需要宁静、沉稳的感觉，两面通透的玻璃窗提供了充足的光线，运用了木格栅似挡非挡的效果，并且做了部分下沉空间使之与客厅分隔开，形成一片隐蔽的区域，读读书，看看报，写写字，拥有一个可以静心潜读的空间，自然是一种更高层次的享受。

二层客厅效果图

■ Plan   ■ Elevation   ■ Elevation   ■ Elevation   ■ Elevation

项目名称：竹栖居——以宝溪乡村与竹建筑展文化旅游活动之间的和谐溪居为例——活动式竹建筑的新居模式的设计探索
作　　者：李子瑶
单　　位：广州美术学院
指导老师：刘志勇

帐篷形态·提取
Learn from tents:

折叠从闭合到展开思考过程·推敲
Foldingfrom closing to expand :

草模折叠多种可能性·探索
Folding various possibilities :

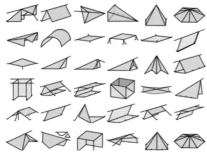

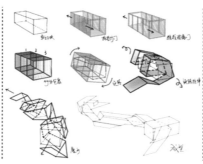

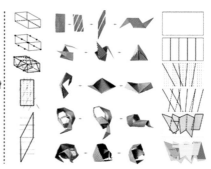

栖居场地·选择
Site of the design program:

基地地形剖面
Base topographic profile:

宝溪乡溪头村民宿

葛千涛老师"桥"

"竹栖居"活动式竹建筑新居模式

国际竹建筑双年展

Entance

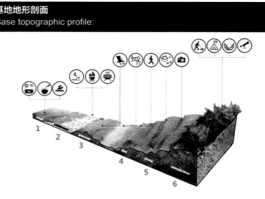

总立面图 Site Elevation:

总平面图 Site Plan:

学术交流会议室Academic Exchange meeting room **03**

山坡折叠住宿房间Slope Fold Accommodation Room **04**

简易餐厅 Simple Dining Room **01**

游客服务中心Visitor Service Center **02**

鹅卵石滩　　　　浅草滩　　　　阶梯式山坡

项目名称：互联网家——O2O的工艺新动力
作　　者：温刚毅
单　　位：广州美术学院
指导老师：何夏韵

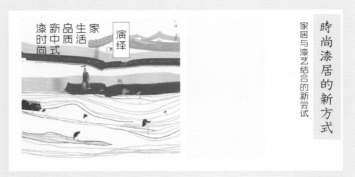

【新中式"漆主题"家居装修】

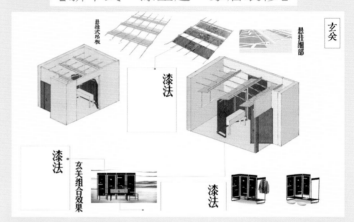

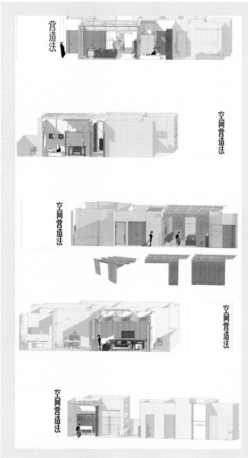

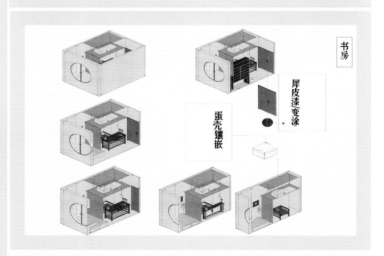

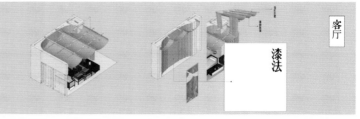

工作室其他作品

照明漆艺·变脸灯

新中式 创意趣味

雕刻 漆艺 细书

～ 灯具展示 ～

照明漆艺·虎灯

漆艺摆件·海外仙山漆艺茶盘

漆艺摆件·洋洋得意

玄关组合
效果图

制作过程图

制作铁架
制作屏风
制作玄关桌
制作方椅

成品图

"Zaha"方椅

灵感：来源于扎哈流动的建筑，结合漆艺流动的艺术

『云中』屏风

概念：一个静坐云端，独享一方清幽的地方，

灵感：来源于中国山水、水墨意境

功能：除可作为屏风外，还可自由组合出其他使用功能

『守望』玄关桌

概念：生活或许会有波澜，而我将在家的方向守望你的到来

【生活在当下，而心怀传统中国美】

项目名称：锦江木屋村民宿改造
作　　者：郑宇浩
单　　位：吉林艺术学院
指导老师：李　鹏

JINJIANG
RECONSTRUCTION
OF THE VILLAGE HUTS
锦江木屋村民宿改造

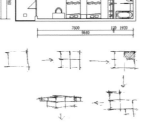

JINJIANG RECONSTRUCTION OF THE VILLAGE HUTS

锦江木屋村民宿改造

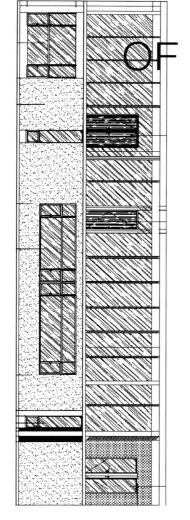

项目名称："一院间"传统北方民居重构——文化酒店设计
作　　者：杨京京
单　　位：山东工艺美术学院
指导老师：梅剑平

A

城市间的留白
Blank between cities

项目名称："一院间"传统北方民居重构——文化酒店设计
作　　者：杨京京
单　　位：山东工艺美术学院
指导老师：梅剑平

一院間

城市間的留白
Blank between cities

大堂

项目名称：COCOON——私服订制工作室设计
作　　者：黄紫薇
单　　位：山东工艺美术学院
指导老师：梅剑平

COCOON

-------------私服订制工作室设计

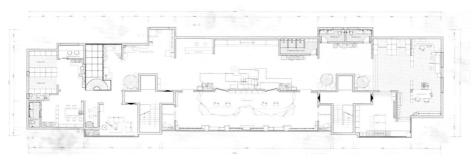

二层平面布置图 1:150

二层顶面布置图 1:150

二层效果展示

COCOON
------------私服订制工作室设计

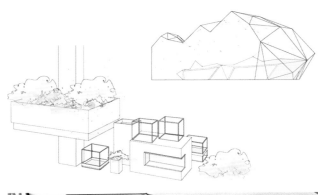

Show produce area

Reception

Living room

Cargo area

Bedroom

项目名称：三角森林 / Triangle Forest
作　　者：刘　璇
单　　位：中央美术学院
指导老师：韩文强、杨　宇、崔冬晖

三角森林
Triangle Forest

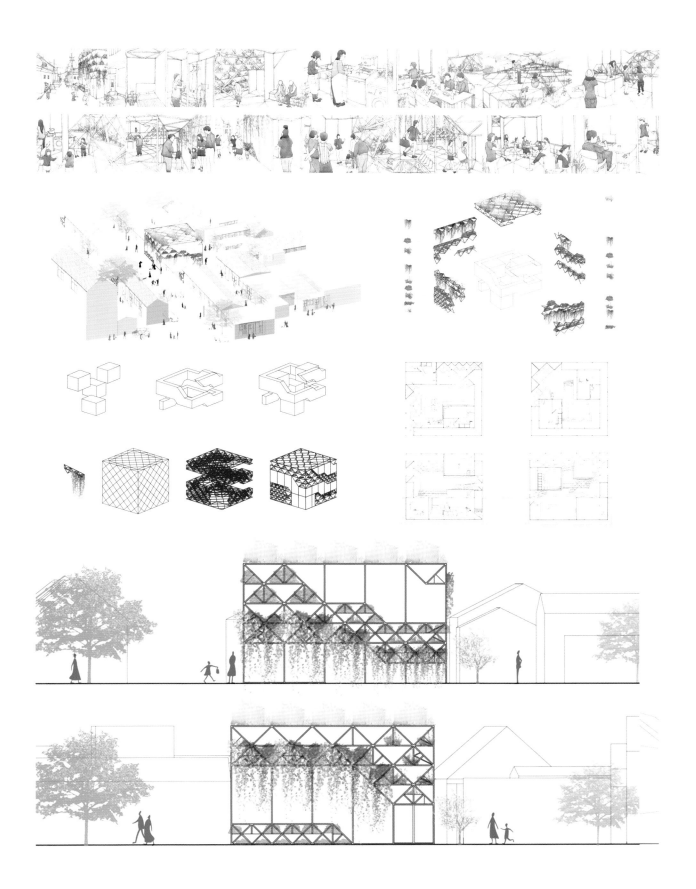

项目名称：《居住+》城市中的栖居
作　　者：罗　森
单　　位：中央美术学院
指导老师：韩文强

《居住 +》——城市中的栖居

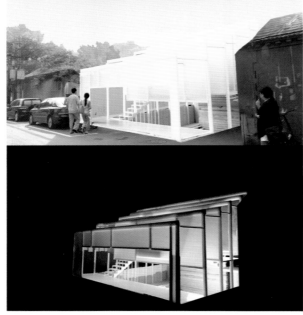

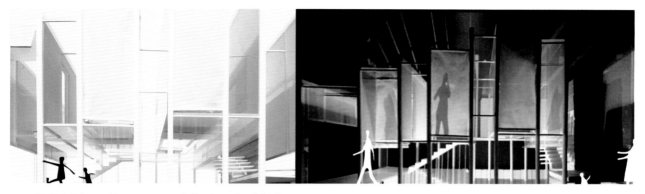

《居住 +》——城市中的栖居

2016居然杯CIDA中国室内设计大奖学院奖获奖作品集

项目名称：茶日子
作　　者：翁瑄蔚
单　　位：中原大学
指导老师：陈文亮

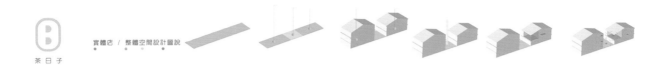

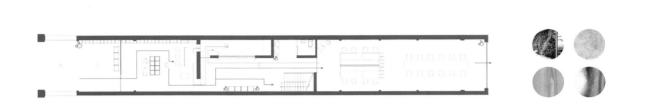

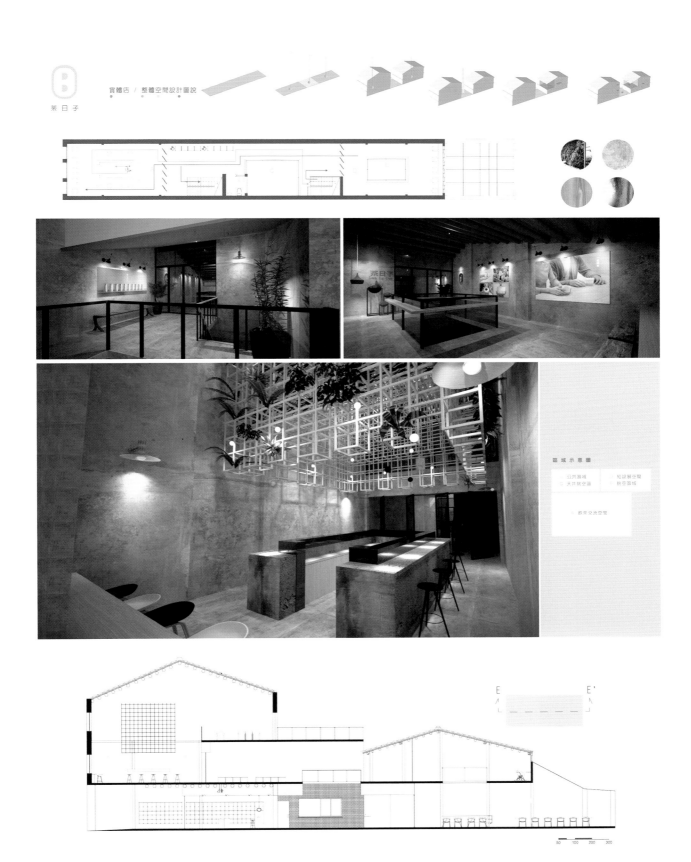

實體店 / 整體空間設計圖說

茶 日 子

优秀奖

063_199

项目名称：以乐曲**ナユタ**通感衍生的空间设计
作　者：李志鹏
单　位：北京工业大学
指导老师：赵　航

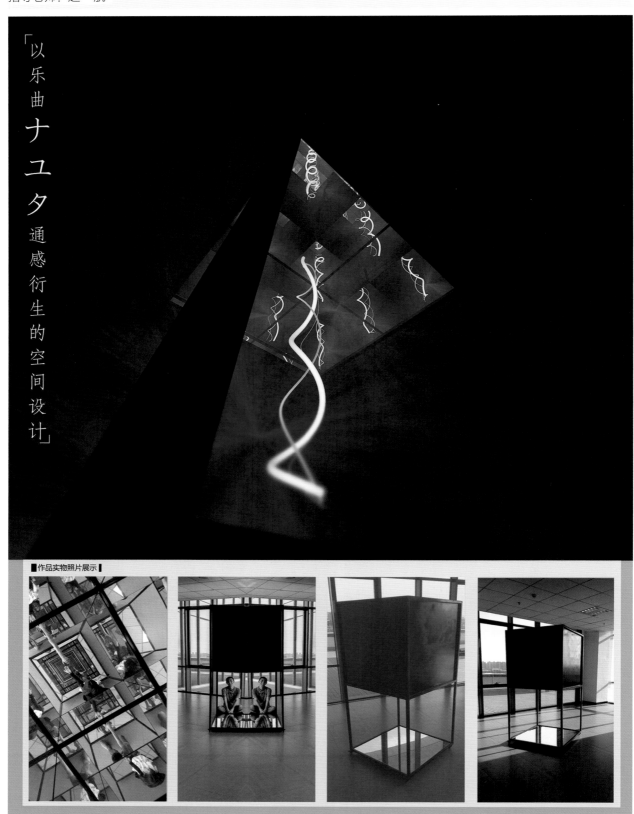

项目名称：咖啡店设计
作　者：冯丽会
单　位：北京工业大学
指导老师：赵　航

咖啡厅设计

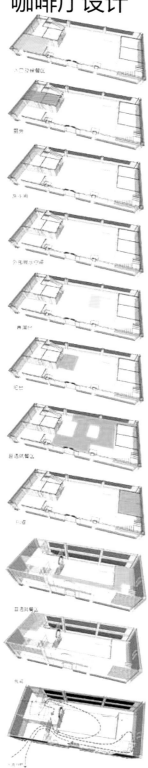

项目名称：女性视角下的空间研究
作　　者：梁小洋、杨　煦
单　　位：北京工业大学
指导老师：赵　航、王国彬

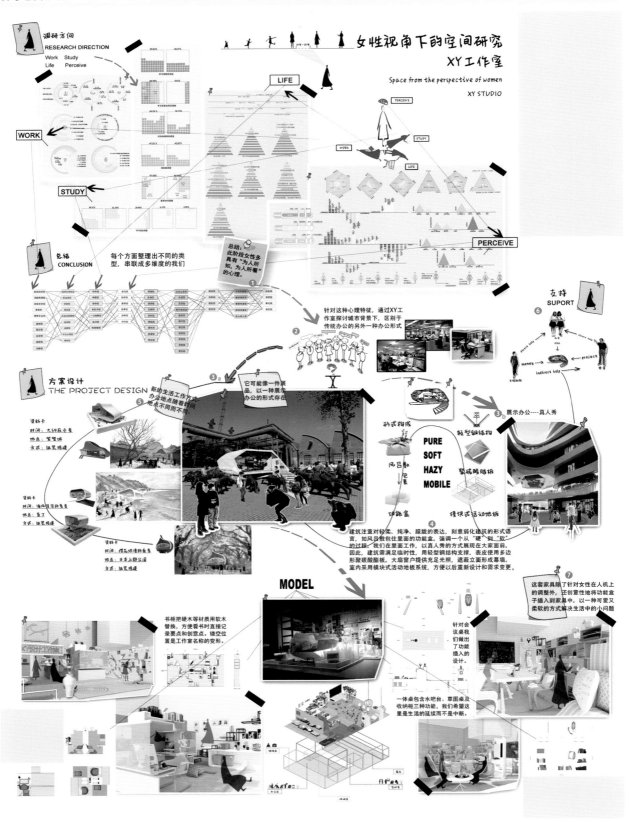

项目名称："工大校园咖啡厅"方案设计
作　　者：徐惠晶
单　　位：北京工业大学
指导老师：赵　航、王　叶

工大"校园咖啡厅"方案设计

　　自北工大成立以来，逐渐形成属于自己的校园定位，以理工科为主的综合类大学。工大学子更注重自然科学的学术研究，在这种单一的生活方式里极度缺乏人文精神的融入，理想大学的学习生活是需要调剂品的，一松一弛会更有利于专业的学习，将新鲜事物带进来分享给大家，再融合大家的思想，创新出新的事物，分享给其他的学子，如此循环往复。本文认为让校园咖啡厅分布在工大校园的每一处，能够为校园生活提供一个好的信息资源交流平台，丰富校园文化，实现自然科学与社会科学共同发展的局面。

　　本次设计尝试以校园咖啡厅为例，通过改变运营模式，使功能丰富，将校园的资源物尽其用，可以促进激发大学生们丰富的生活和交流的愿望，并激发起更多的可能性。最终目的是通过分析，得到校园咖啡是一个生命体可以无限扩展繁殖，可以成为传递信息资源的平台。

"咖啡厅充满工大校园每一个角落"

校园中不同的区域决定了咖啡厅的不同存在形式

景观型　　　　　道路型　　　　　建筑型

观景型

有阳光，在树下，一杯咖啡，人们三三两两，
谈天嬉笑，享受着属于我们的大学时光。

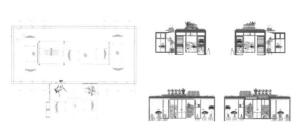

道路型

秋日，
秋风起，树叶沙沙作响，
秋风过，透过取景框，
金色的银杏树叶飒飒飘落。

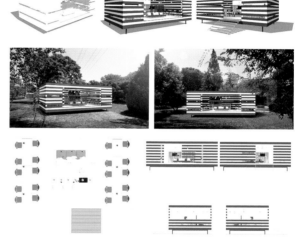

建筑型

"当许多聪明，求知欲强，具有同情心而有目光敏锐的年轻人聚到一起时，即使没有人教，他们也能互相学习。他们相互交流，了解到新的思想和看法，看到新鲜事物并且学会独到的判断力。"

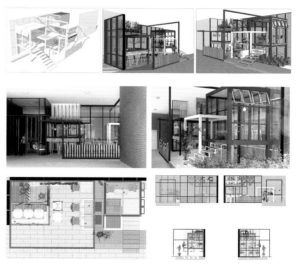

大学是我们度过人生最美好时光的大家庭，而不是三点一线的旅店。
在我大学期间收获最大的是有老师朋友，愿意用心帮助我，
让我对未来有足够的信心，让我成为一个能够立足于社会的人，
并真正成长为一个社会的人。

项目名称：茶室设计
作　　者：孟　寰
单　　位：北京建筑大学
指导老师：李　沙

室内效果图

望海 听风 观山

分析图
视线 动线

水景　骨骼　屏景　水景

若夫园亭楼阁套室回廊叠石成山
栽花取势又在大中见小小中见大
虚中有实实中有虚
或露或藏或浅或深
——沈复《浮生六记》

茶室设计
望海 听风 观山

剖面图
SCALE 1:50

平面图
SCALE 1:50

泉涌 桥拱 壁照 餐冷 流溪 池水 池井 山片

景观效果图

入口 池塘 小径

项目名称：随性的新中式
作　者：叶　城
单　位：北京建筑大学
指导老师：李　沙

The new Chinese style

随性的新中式

2016居然杯CIDA中国室内设计大奖学院奖获奖作品集

项目名称：以人为本的家居设计——老年夫妇篇
作　　者：谷慧丽
单　　位：大连工业大学
指导老师：张长江

老年夫妇的家

浅色调密实的窗帘遮阳效
果好，降低夏季室内温度

半透明的纱帘对折入
室内的光线进行调节

厚实的布帘可以对进
入室内的风进行调节

项目名称：以人为本的家居设计——年轻女设计师篇
作　　者：谷慧丽
单　　位：大连工业大学
指导老师：张长江

单身女设计师的家

项目名称："舍"记——印象1968《当代老年知青返乡疗养居住空间》
作　　者：刘利华
单　　位：东北师范大学
指导老师：王铁军

☆ 展览馆效果图

1、2　展览馆效果图

3　　客厅效果图

4、5　客房区效果图

6、7、8、9、10、11、12、13
文化室效果图

14、15　住户院落区效果图

☆　总方案效果图

☆　居住餐厅效果图

☆　住户院落效果图

☆　客房院落效果图

☆　文化室效果图

项目名称：光·设计师自宅——有故事的地方
作　　者：李　杨
单　　位：东北师范大学
指导老师：王铁军

以"光与阴影"为主题，住宅建筑形态设计研究

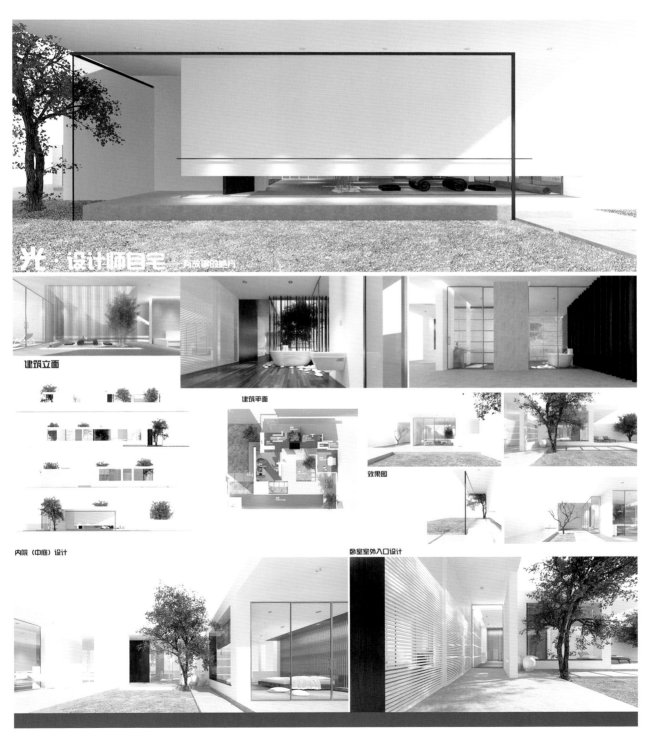

项目名称："地窖子"的继承与再生——北方地区知青人居环境方案设计
作　　者：姜　雪
单　　位：东北师范大学
指导老师：王铁军

■ "地窖子"的继承与再生
——北方地区知青人居环境方案设计

■ 空间布局 | SPATIAL DISTRIBUTION

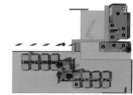

■ 内部空间分析 | INTERNAL SPACE ANALYSIS

项目名称：Hi, earthquake! 基于未来30年人类休闲方式研究的地震主题酒吧设计
作　　者：刘田添
单　　位：东南大学
指导老师：赵思毅

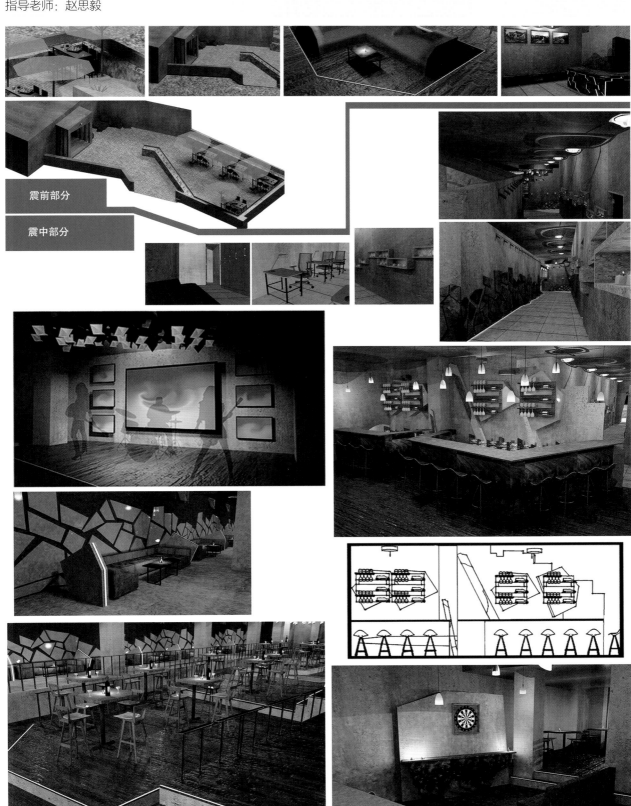

项目名称：交互·参数化——未来30年酒吧设计
作　者：梅　冉
单　位：东南大学
指导老师：赵思毅、赵　军

项目名称：交互·参数化——未来30年酒吧设计
作　者：梅　冉
单　位：东南大学
指导老师：赵思毅、赵　军

项目名称：基于未来休闲方式研究——"茶、艺、境"为主题的茶舍空间设计
作　　者：李伟强
单　　位：东南大学
指导老师：赵思毅

界的平衡。道家主张返璞归真，强调以静制动，追求天人合一，道家崇尚遵从自然人性、趣味纯正，精神自由、心灵回归，到达"天地与我并生、而万物与我为一"的绝对自由境界。佛家追求一种出世的态度，和一种超越的境界，以平常心待万物，达到一种"净"的状态。几千年来，"儒道治世，以道养身，以佛修心"逐渐成为了人们的生活模式和为人处应的自然观念。人事和谐的处世态度。"采菊东篱下，悠然见南山"展现出了一种宁静致远、悠然守拙的生活风貌，传达出了一种传统休闲境界——天地自然和自我心境的相互交流与融合，精神世界与客观世界的和谐统一。

基于未来休闲方式研究
——"茶、艺、境"为主题的茶舍空间设计

项目名称：旧厂房改造方案——城区新型商住模式探索
作　者：陈　旭、刘　星、蒋铭丽
单　　位：东南大学
指导老师：张　蕾

旧厂房
改造方案

——城区新型商住模式探索

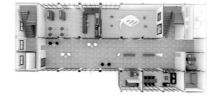

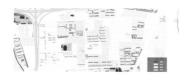

项目名称：蒸汽朋克酒吧设计
作　　者：ERDENEBAT TUVSHINTUR（任恩贝）
单　　位：东南大学
指导老师：赵思毅

休息区　　　LOUNGE　　　3

休息区总面值：206平方米

大堂　　　LOBBY

大堂总面值：615平方米

吧台

大厅

走廊

舞台

项目名称：洞之蚁情——西安蚁穴概念度假酒店室内方案设计
作　　者：黎舒婷
单　　位：福州大学
指导老师：朱木滋、李海洲

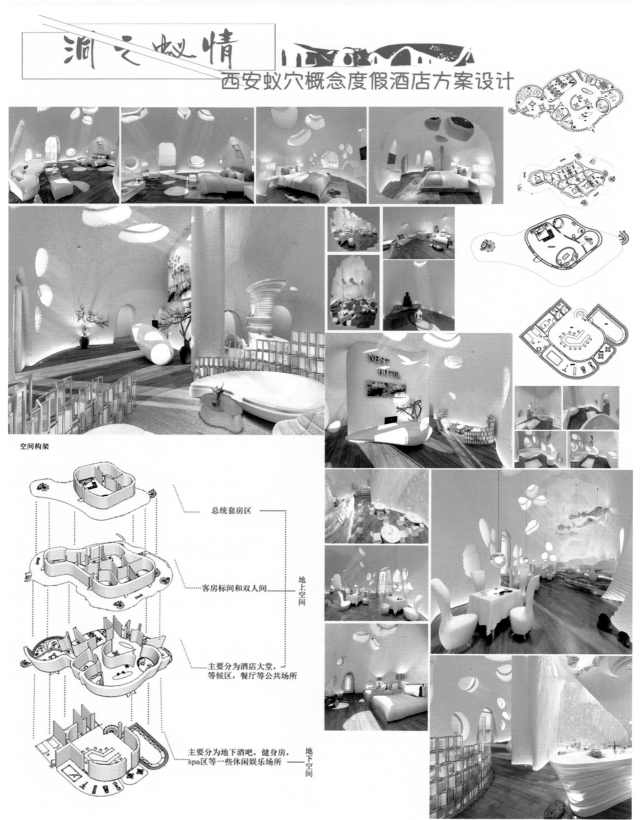

项目名称：丝奔西餐厅室内设计方案
作　　者：黄　静
单　　位：福州大学
指导老师：柯培雄

项目名称：WAY OUT——"出口"低头族体验空间设计
作　　者：黄萍萍
单　　位：福州大学
指导老师：任鸿飞、田启龙

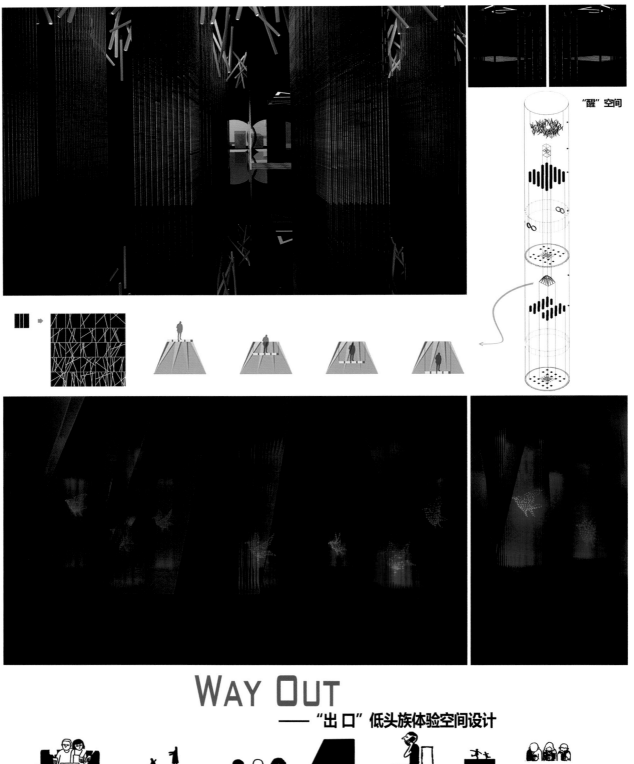

"醒"空间

项目名称：潮起潮落——滑板工作室设计改造
作　　者：骆颖玫
单　　位：福州大学
指导老师：王　娟、吴旭超

项目名称：创意·村落——洛场村创客园创造环境设计
作　　者：苏镜科
单　　位：广州美术学院
指导老师：阎邱杰、沈　虹、温颖华

项目名称：垃圾剧场
作　者：张铧心
单　位：广州美术学院
指导老师：谢　璇、李　芃

垃圾剧场

通过空间表演改变人们对于废弃物的认知

项目名称：劲道
作　　者：姜　博、张雨婷、王　威、孟安琪
单　　位：哈尔滨师范大学
指导老师：张红松、柳春雨、王　巍

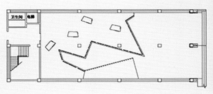

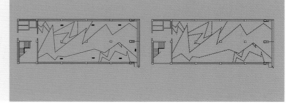

劲霸男装旗舰店设计

K-BOXING

项目名称：南湖公馆别墅设计方案
作　　者：傅英桐、霍　达、赵一雷、武　让
单　　位：哈尔滨师范大学
指导老师：张红松、柳春雨、王　巍

2016 CIDA 中国室内设计大奖学院奖
China National Interior Decoration Association

02

南湖公館別墅設計
效果圖展示
Bamboo Forest

项目名称：物境之上居住空间设计
作　　者：孟献国、王海峰、李　琦、张艺霏
单　　位：哈尔滨师范大学
指导老师：张红松、柳春雨、王　巍

项目名称：弈景公馆
作　　者：由浩南、岳鹏飞、宋春玮、刘　宇
单　　位：哈尔滨师范大学
指导老师：张红松、柳春雨、王　巍

弈景公馆

设计说明

随着现在家装的多样化，人们也开始追求各种各样的设计方式。而后现代风格主要强调的是新旧融合，兼容并蓄的立场，既显夸张又显含蓄，运用了众多隐喻性的视觉符号，强调了历史性和文化性，肯定了装饰对于视觉的象征作用，装饰意识和手法有了新的拓展，光、影和建筑构件构成的通透空间，成了大装饰的重要手段。

客厅效果图 ▼

客厅效果图 ▲

客厅效果图 ▲

▼ 主卧效果图

客卧效果图 ▼

书房效果图 ▲

项目名称：圆素
作　　者：姜　峰、陆青青、高作公、桑　毅
单　　位：哈尔滨师范大学
指导老师：张红松、柳春雨、王　巍

圆素·

项目名称：圆素
单　　位：哈尔滨师范大学

项目名称：遇和轩
作　　者：余述芸
单　　位：海南大学
指导老师：谭晓东

遇和轩
——
室内设计方案

项目概况： 该项目位于奉新，江西西北部，名胜古迹有济美牌坊，"天下清观"石刻，越王山，百丈寺"禅林清规"的發祥地，該地竹海聞名，客家散居。微派古建築群村落，馬頭牆，白牆灰瓦，是這個美麗地方的標志。本案是針對于一棟自建房其中的二樓進行整體室內空間設計。該戶型總面積爲150平方米，完工于2014年，方位坐北朝南，室內空氣流通，三房兩廳一衛。

手绘草图中的软装处理：
古典木質仿明代柜和秦燈是中式家具風格的重要元素，再者結合禪文化工藝品和帶有濃郁的中國傳統顏色的布藝能夠營造出具有古典韻味、而不失典雅的現代中式風格。

项目名称：酒吧
作　　者：王知琰
单　　位：海南大学
指导老师：谭晓东

　　在我看来一个酒吧的好坏其实和酒吧中装饰物的选择与应用是有着密切的关系的，好的装饰物选择可以提升酒吧的氛围和品格，这一点也就是我们常常说的"感觉"。

　　在酒吧这种人流量特别大的地方，很可能一个小摆件一个小饰品都可以引起玩客的注意，所以在装饰物的选择上我也是费尽心思。

　　装饰物不仅仅在酒吧中需要很仔细的搭配与应用，同时在日常做家装的时候我觉得也是很重要的一部分存在。有了好的装饰物可以弥补装修中的不足与缺陷甚至可以弥补房屋的固有硬伤。在这间酒吧的装饰中我选用了很多稀奇古怪的元素来装饰，出乎意料的得到了很好的效果。

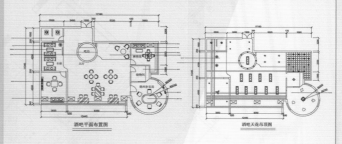

酒吧平面布置图　　　　　酒吧天花吊顶图

项目名称：空间的自由之舞
作　　者：刘勇杰、曾祥俸
单　　位：海南大学
指导老师：谭晓东

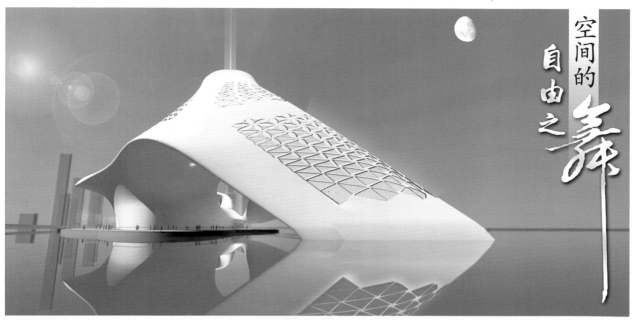

建筑生形过程

设计说明：

这是一次对高级计算性建筑生形的奇幻探索之旅。

通过控制矢量参数调整建筑形式，经过一次次的实验与观察得出了最终希望模型效果。我们希望是尽量以输入数据和程序自动计算的方式来完成，以替代传统的手工画画的方式。

以一个区域特色科技体验馆方案为例。受自然中柔和的曲线，平滑的曲面启发创造了此种连续、流动、非线性的自由形态。这种流体般的塑性形态在一定程度上消解了传统建筑的主次和等级关系，也解构了现代主义形式上的秩序或逻辑。通过平衡感性的丰富与理性的秩序，使得一切都被包含进层层递进、有机统一的塑性形态之中。

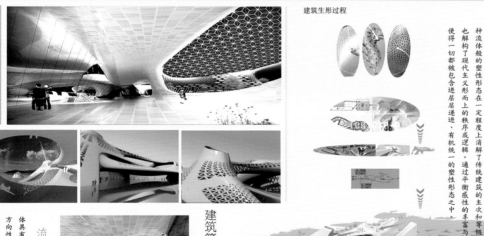

建筑篇

流体般的管束状形体具有强烈的速度感和方向性，给人们带来连续的时空体验。

室内篇

设计理念

探寻海洋科技体验馆设计的另一种可能
以海洋生物的塑性形态为切入点，本设计力图将此建筑打造为融生命美、科技美、体验性于一体的现代建筑，让体验者在置身展馆时不仅能体会海洋生命多样性之美还能感受到现代建筑本身的精神内涵。

项目名称：品味生活
作　　者：杨云妍
单　　位：海南大学
指导老师：谭晓东

The Taste Of Life
——————品味生活

■设计理念：

　　简约大方又不失时尚之感，用简单的造型呈现完美的视觉效果，又不缺少实用性。

　　家是一种文化、一种生活方式，而在中国人传统意识里房子在某些方面已经等同于家。而人生大部分的时间是在家里度过的。因此人们创造的室内生活环境直接影响着人们的安全、健康、工作效率、生活质量等。而且在这个高速发展的社会中生活，人们的生活压力也越来越大，身体精神时刻都处于紧绷状态。家是人们居住的港湾更是人们心灵的寄托。可以让我们暂时停下脚步感受生活、享受生活。我希望设计出一个让人们释放压力的休闲、舒适、精致的室内居住空间。

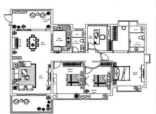

MODERN STYLE DESIGN HOUSES

项目名称：现代办公空间
作　　者：郝　松、刘　璐、张华胜、吴　娟
单　　位：河北地质大学
指导老师：史庆丰、刘　晨

项目名称："浮光"室内空间设计
作　　者：李光跃、陈鸿翼、欧立君
单　　位：河北地质大学
指导老师：白　洁、马凤娟

项目名称："鸿儒阁"中式会所
作　　者：李迎宁、刘 克、钱志越
单　　位：河北地质大学
指导老师：孙秀丽、王 娜

鸿儒阁 中式会所

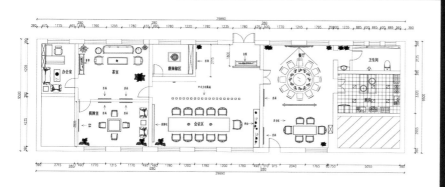

清风明月，鸿儒阁灯火辉映。淡雅宁静，信步期间流连忘返。

此空间善用中式元素，巧妙营造出会所装修大巧不工。

室内，名家大作陈列其中绘画作品蕙质兰心，极富韵味。每个空间中桌椅家具朴素无华，格调淡雅，使顾客充分感受到会所的大气，优雅，如入馨兰之室。

2016居然杯CIDA中国室内设计大奖学院奖获奖作品集

项目名称：“时光轨道”室内空间设计
作　　者：脱丹阳、赵雨豪、白　洁
单　　位：河北地质大学
指导老师：李　涛、秦　亮

项目名称："生态餐饮空间"室内环境设计方案
作　　者：弋留洋、张亚辉、张楚妍
单　　位：河北地质大学
指导老师：郑新涛、程　佳

生态餐饮空间 室内环境设计方案

设计说明：

　　牛排是代表性的西餐，在这里我们采用中式的室内设计手法，这样的本意是中国文化海纳百川的容纳特性，将外来的文化与中国本土文化相融合。空间内部多处使用铁质的中国古代窗棂，以增加其古典与现代相结合的感觉。

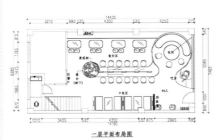

一层平面布局图

项目名称：光·隐
作　　者：刘 广、雷 冕
单　　位：湖北美术学院
指导老师：梁竞云、吴 宁

LIGHT &HIDE

高端女装品牌"例外"旗舰店设计
光与隐的融合

主要立面

项目名称：未来之流
作　　者：丁晓雄、郭思恒
单　　位：湖北美术学院
指导老师：梁竞云、吴　宁

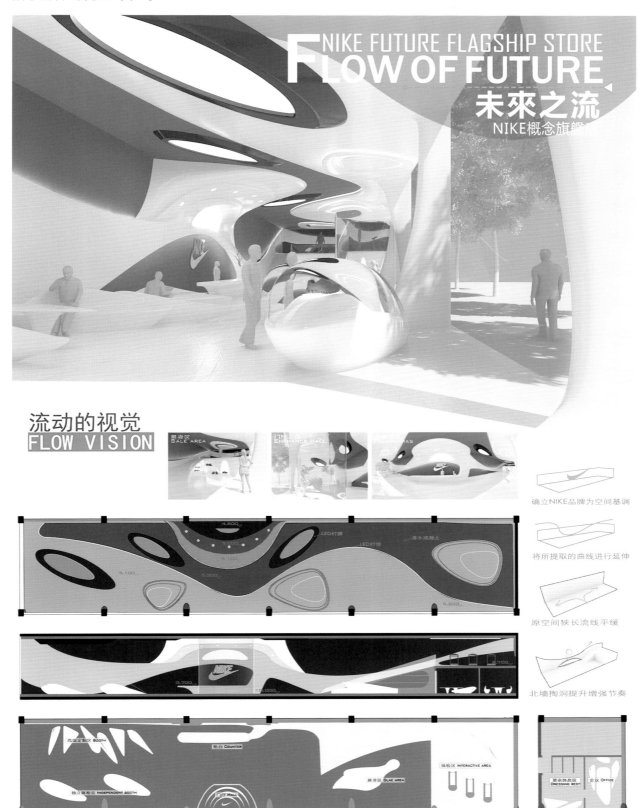

项目名称：Eden书店
作　者：李佩颐
单　位：湖北美术学院
指导老师：吴　宁

We hoping this bookstore is a space of friendly and able to barrier free communication.The work space is hidden in order to store the spatial integration, to maximize the reading space.

Eden
草坪书店
The Eden Bookstore

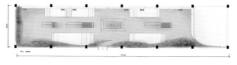

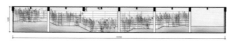

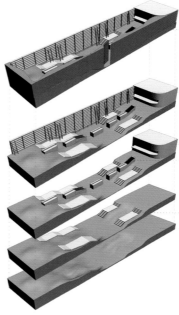

项目名称：Muuto家居概念店
作　者：孟　妍、郭永乐
单　位：湖北美术学院
指导老师：吴　宁

项目名称："璀璨星河"通榆博物馆历史文物展厅、生态文化展厅设计
作　　者：荣婷婷、王文婷
单　　位：吉林艺术学院
指导老师：唐　晖

构建新生态 共享大未来
To build a new ecological to shared future

保护生态展区

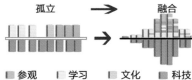

孤立 → 融合

■ 参观　■ 学习　■ 文化　■ 科技

构建生态长廊

单调

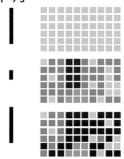

丰富
分析过程
The analysis process

保护生态展区
Protect the ecological area

构建生态展区

构建生态展区彩色立面

Ecological culture exhibition hall design
生态文化展览馆设计

项目名称：气味图书馆香水店改造设计——传统下的现代创新表现
作　者：苏昊天
单　位：吉林艺术学院
指导老师：董　赤

THE RETROFIT DESIGN OF THE SECNT LIBRARY PERFUME

气味图书馆香水店改造设计

The tradition of modern innovation performance 传统下的现代创新表现

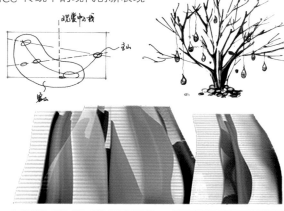

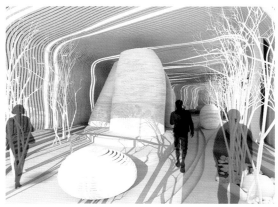

项目名称：重色韵染
作　　者：吴剑瑶
单　　位：吉林艺术学院
指导老师：董　赤

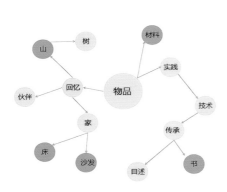

9 .Mind Map

　　通过 Mind Map 由一个简单物品来推演出更多的相关属性。通过与物品自身密切联系迅速发散思维，找出主题，由此我们进行了发散性的思维，并通过最外层的物品来作为创意的来源点。

11.中景效果图

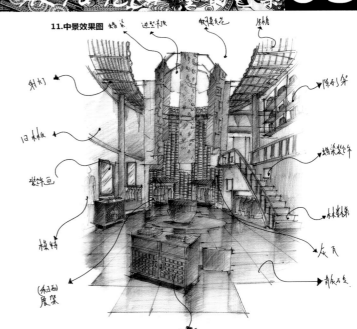

项目名称：长白山自然博物馆改造
作　者：辛梅青
单　位：吉林艺术学院
指导老师：董　赤

■ 长白山自然博物馆——室内展示空间创意设计

项目名称：高山观澜
作　　者：湛廷力、韩静仪
单　　位：江汉大学
指导老师：王云龙

高山观澜

—— 繁华之外的悠然雅典居

臥室 Bedroom

②

餐厅 Restaurant

起居室 Living room

客厅背景墙设大的古色雕塑与祥云图案的吊顶，衬托着精致的花艺饰品，彰显主人优雅情调，提取青花瓷元素屏风，彰显优雅情调，遥遥呼应着尊贵的东方气息。

空间布局 Spatial distribution

入口 Foyer
餐厅 Dining room
次卫 Toilet
起居室 Living room
衣帽间 Cloakroom
屏风中岛 screen
主卫 Toilet
卧室 Bedroom
休闲阳台（茶室）Balcony（Teahouse）

餐厅 Restaurant

餐厅延续了东方格调，以实木为主的家具增添了一分古朴和雅致。墙上中式挂画作为新东方风格的点睛之处。

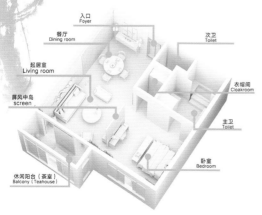

项目名称：水净柔
作　　者：湛廷力、郭　成、甘　芝
单　　位：江汉大学
指导老师：王云龙

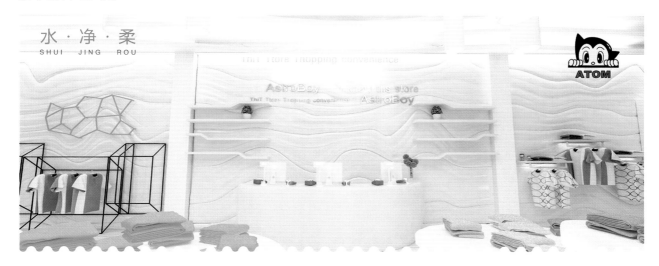

效果图分析

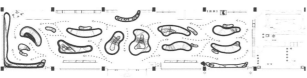

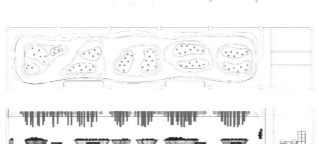

④衣架设计成不规则立体构成让立体衣架有平面透视的错觉感

⑤展台的底座采用弧面设计，上大下小，一是为了增加展示区域，二是为了在购物时脚不会踢到底座。

⑦天花的吊顶灯分三层，上面的两层运用流线的的设计和展台布局相呼应。圆柱体的灯光照射到展示区域。

⑥吊顶分四层，三层是可见的，以不规则流线性吊顶给人视觉上带来趣味性。

③展台在空间的布局以圆润的体块呈现，同时体块也根据人流动线来设计

⑧流线性墙面设计如水面荡起的涟漪，和整体空间相协调

项目名称：H&M商业空间设计
作　　者：韩清越、莫贤东
单　　位：江汉大学
指导老师：王云龙

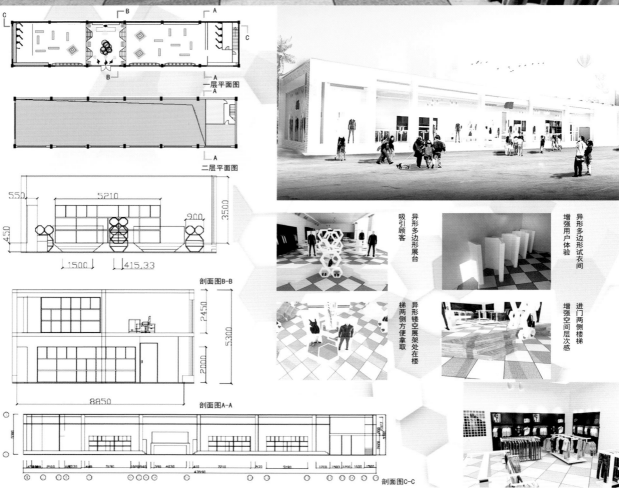

项目名称：翰墨学堂
作　　者：梁天真、靳　浩、张新轩、王　萧、徐建伟
单　　位：江西师范大学
指导老师：方强华

本项目属文教类室内设计。旨在提供给以美术设计类学生为主要群体的，打造一个有中国风韵味且不失现代感的学习场所，同时满足审美和实用的需求。

墨形勾勒出巧夺天工的吊顶造型；砚形抽象出天马行空的蜿蜒桌体；通透整体的阅读区造型经典却又不乏韵味。

翰墨学堂
——文教室内设计

项目名称：寻幽
作　者：刘梓晗
单　位：江西师范大学
指导老师：徐　涵

SEEKING
QUIETNESS

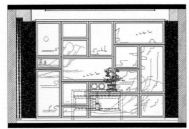

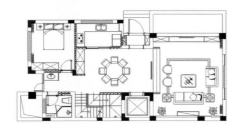

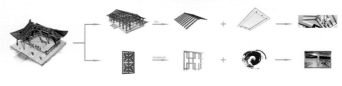

项目名称：遥享精品酒店设计
作　　者：秦　怡
单　　位：江西师范大学
指导老师：卢世主

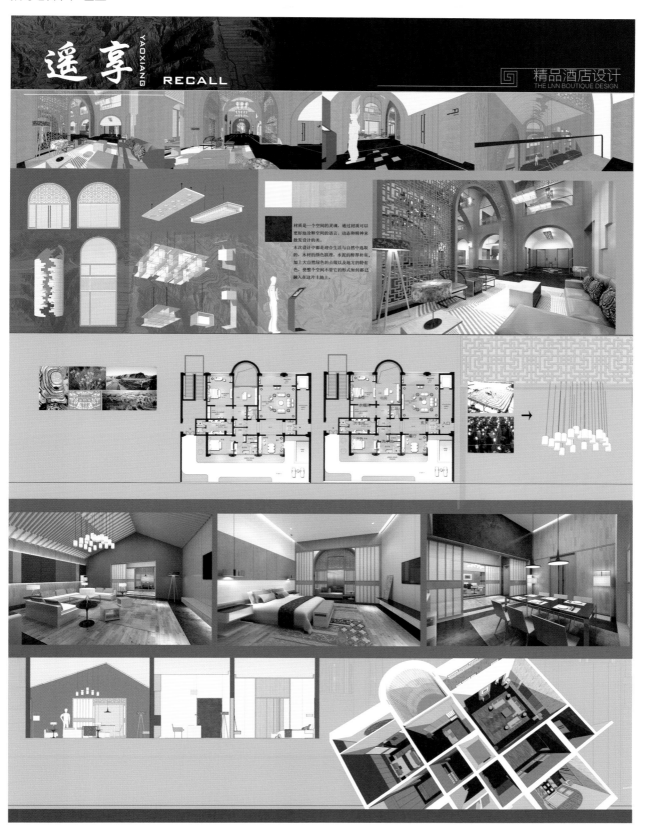

项目名称：皮影·当代艺术馆
作　　者：董熹萌
单　　位：鲁迅美术学院
指导老师：马克辛

影·映像

——皮影当代艺术馆——

皮影是我国民间艺术的瑰宝。现代设计在追求西方理念的同时更不断地将中国文化，更基于深层次的民间文化作为设计的灵感来源。将西方的构筑形式与东方特色相互融合在一起，无论是色彩图案，还是光影造型，都为现代设计元素注入了丰富的表现形式。

项目名称：色彩涌现——色彩博物馆
作　　者：刘中远
单　　位：鲁迅美术学院
指导老师：马克辛

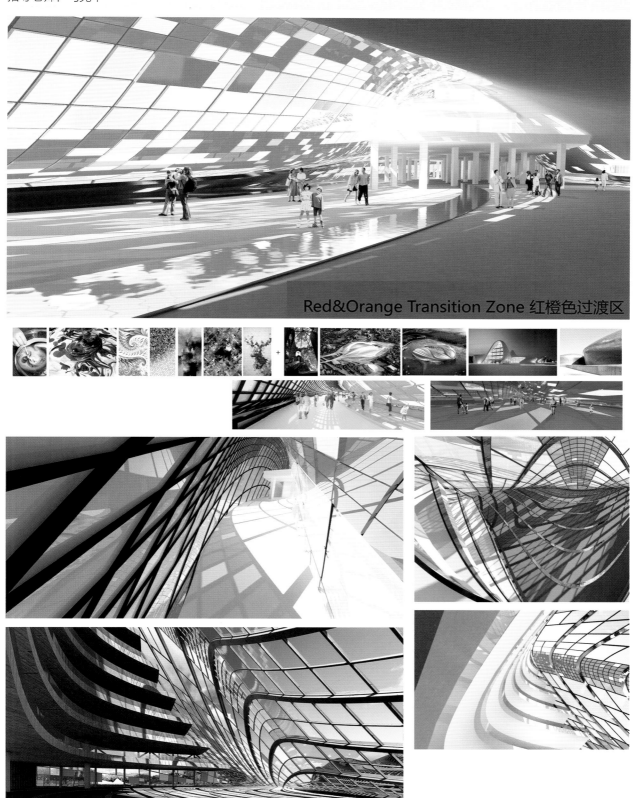

项目名称：诺夹书吧
作　者：张　方
单　位：鲁迅美术学院
指导老师：马克辛、卜宏旭

项目名称："回音"事务所概念设计
作　　者：朱佳慧、付　毓、鄂昕彤
单　　位：鲁迅美术学院
指导老师：席田鹿

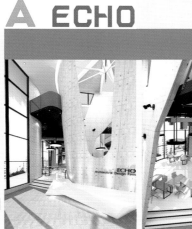

项目名称：WATER HOUSE
作　者：裘　知、李　振
单　位：南京林业大学
指导老师：梁　晶

WATER HOUSE

来自大自然的纯净
From the purity of nature

效果图

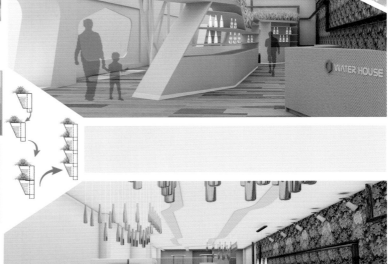

绿化墙

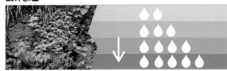

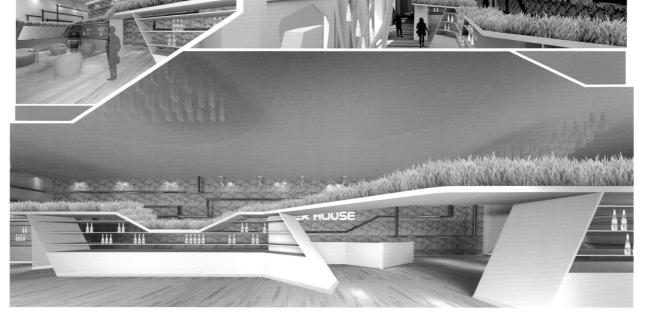

项目名称：LU DESSERT SHOP 甜品展示空间
作　者：王　景、陈丽坤
单　位：南京林业大学
指导老师：梁　晶

项目名称：昼夜间——NIKE运动品牌概念店设计
作　　者：刘艺冰、武鑫池、苗　田
单　　位：南京林业大学
指导老师：梁　晶

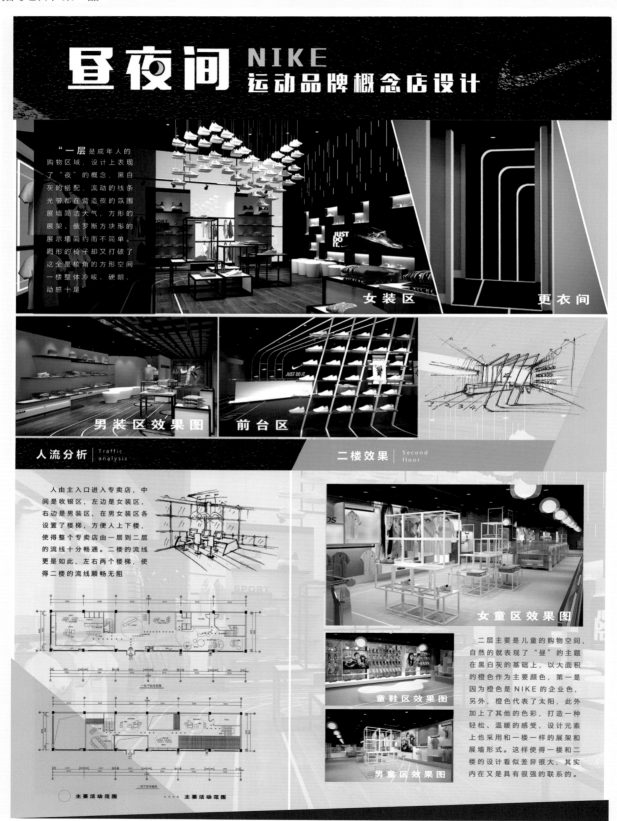

项目名称：绘·楚歌——地铁公共空间文化墙装饰设计
作　者：程　敏
单　位：南京林业大学
指导老师：梁　晶

绘·楚歌

--地铁公共空间文化墙装饰设计

装饰画

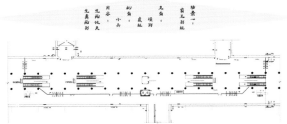

设计元素

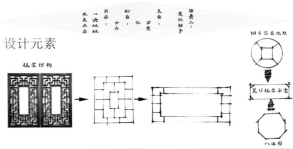

项目名称：橙——NIKE专卖店设计
作　　者：万　奕、冯娜辉、要　琪
单　　位：南京林业大学
指导老师：梁　晶

——NIKE专卖店设计

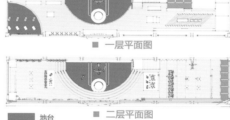
■ 一层平面图

■ 二层平面图

■ 地台
■ 更衣室
地面

设计说明 Design Instruction

　　本案设计了运动品牌"NIKE"，以篮球运动作为主题做了跃层设计，大厅内贯穿上下层的仿篮球场展区，描绘了放松自由、激情澎湃的运动精神。贯穿全场的企业色"橙"色，表现了企业积极向上、健康生活的概念。

■ 色彩配置 Color Configuration

■ 材质选择 Material Selection

大理石　复合地板　铁丝网　拼花地板　木地板　涂料　环氧地坪

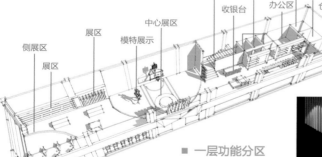

员工更衣室
楼梯　顾客更衣室
收银台　休息室
中心展区　办公区　仓库
模特展示
展区
侧展区
展区

■ 一层功能分区

面对顾客：各类展区、收银区、顾客更衣室
面对内部：员工休息室、员工更衣室、仓库、内部办公区

项目名称：ＴＲＥＥ
作　　者：石靖敏、李银银、安永方、胡敏超、方俊杰
单　　位：南京林业大学
指导老师：梁　晶

TREE 钻石展厅

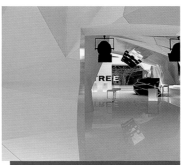

玻璃造型吊顶·

白色烤漆造型吊顶·

白色乳胶漆·

白色混油吊顶·

烤漆造型墙·

玻璃橱窗·

白色烤漆地砖·

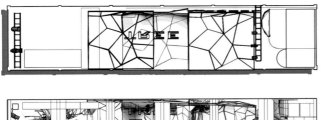

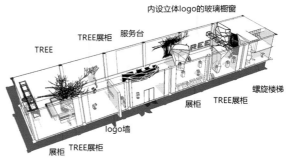

内设立体logo的玻璃橱窗

TREE展柜　服务台

TREE

螺旋楼梯

TREE展柜

logo墙

展柜

展柜　TREE展柜

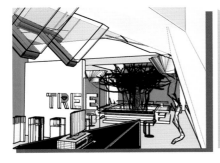

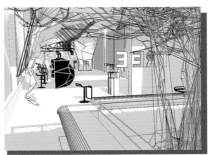

项目名称：CHANGE SPACE——三宅一生包包专卖店设计
作　　者：郭晨晨
单　　位：南京林业大学
指导老师：梁　晶

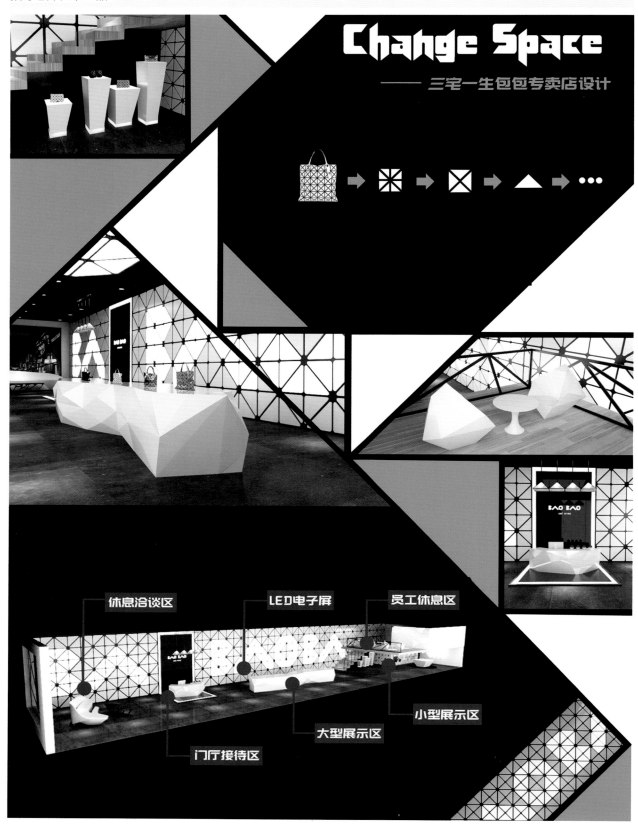

项目名称："时间外·云野间"主题餐饮空间设计
作　　者：许文捷
单　　位：南京林业大学
指导老师：徐　雷、梁　晶

時間外 · 雲野間

餐厅空间设计方案
shijianwai yunyejian

设计元素演变重组

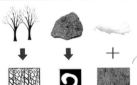

"绿蕴云中"16人包间

"云野"火锅区

主要设计与布置的分解

"中餐区

项目名称：国色天香京剧主题餐厅
作　者：范　玮
单　位：南京艺术学院
指导老师：徐　敏

项目名称：伞·花洒中式主题餐厅
作　　者：严　鑫、周立勇
单　　位：南京艺术学院
指导老师：徐　敏

伞·花洒中式主题餐厅
SANHUASAZHONGSHIZHUTICANTING

本次中型餐饮空间室内设计采用了中式室内设计的装饰手法，表达中国传统文脉下的设计理念。设计理念是将中国古典元素用现代的审美表达，让现代与古典同列一室，用古典的中国元素表现一种新概念。方案设计的宗旨是层次分明，错落有致。曲折的回廊将餐厅空间划分为几个部分，分别是大包厢、中包厢、小包厢、散座区，以及休闲区等空间。在空间和交通的视觉焦点，以及一些墙面的"留白"部分，常常以一些带有中国特色的艺术品和工艺品来进行点缀，以求丰富空间感受，烘托传统气氛。在装饰图案上采用中国古典的吉祥图案，它拙中藏巧，朴中显美。同时，在空间的视觉焦点处的墙面用中国字画来表达出高雅的文化品位。

项目名称：《水间堂》概念餐厅设计方案
作　　者：张赫凡
单　　位：南京艺术学院
指导老师：徐　敏

《水间堂》主题餐厅室内设计概念方案

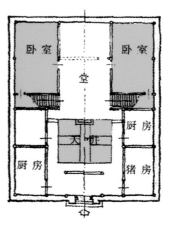 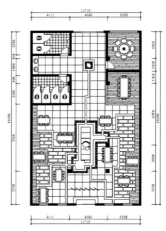

徽派民居平面图　　　　　餐厅平面图

设计说明

　　本次设计风格定义为新中式，整体空间规划参照传统徽派民居，以"进"为空间单位进行延伸。空间的主题为水，在传统徽派村落中，村前的大水塘会通过暗渠桐通向每家每户，本餐厅使用了这种设计意向，将餐厅中间的水池通过暗渠流向每张餐桌。

项目名称：天堂主题酒吧
作　　者：石露云、马媛媛、李啸吟
单　　位：南京艺术学院
指导老师：徐　敏

项目名称：秀洲档案文化陈列馆方案设计
作　　者：薛燕生
单　　位：南京艺术学院
指导老师：徐　敏

序厅作为全馆开启部分，承担展现主题，引人入胜的重要作用。取秀洲"水"之蜿蜒、地表起伏之势作主展区顶部造型之势，营造自然的空间氛围，对应展示主题

秀洲档案文化陈列馆 方案设计
XIU ZHOU FILE CULTURAL MUSEUM　DESIGN SCHEME

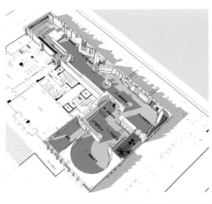

项目名称："茶·语"文化主题会所
作　　者：贺晓晓
单　　位：内蒙古工业大学
指导老师：莫日根、田　华

茶·语 -- 文化主题会所设计方案
CULTURAL THEME CULB DESIGN

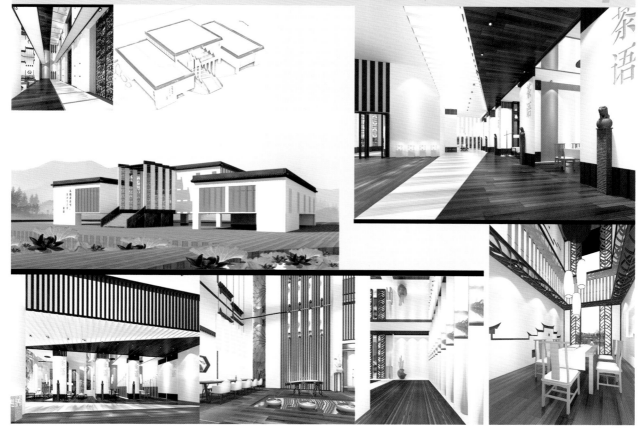

项目名称： "文瀛湖"青少年创意产业园
作　　者：闫　阳
单　　位：内蒙古工业大学
指导老师：吕奇达

文瀛湖

青少年创意产业园·

项目名称：平·方现代艺术中心
作　　者：刘　璐
单　　位：内蒙古工业大学
指导老师：莫日根、田　华

项目名称：分子式——察哈尔·右翼前旗青少年活动中心
作　　者：端英秋
单　　位：内蒙古工业大学
指导老师：莫日根、田　华

科学室效果图

分子式—activity center
察哈尔 右翼前旗 青少年活动中心

项目名称：社区"休止符"——城市延伸下的枢纽空间
作　　者：宝泽鹏
单　　位：内蒙古工业大学
指导老师：莫日根、田　华

一层平面图　　二层平面图　　三层平面图

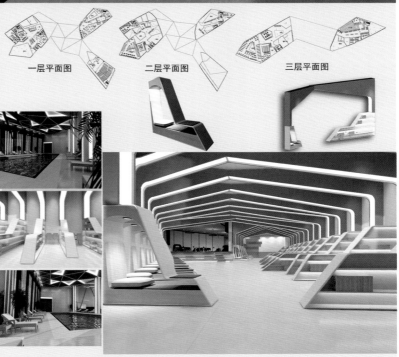

Community
社区"休止符" Urban public space
——城市延伸下的枢纽空间

项目名称："品·魏"主题餐厅空间设计
作　　者：刘　素
单　　位：内蒙古工业大学
指导老师：莫日根、田　华

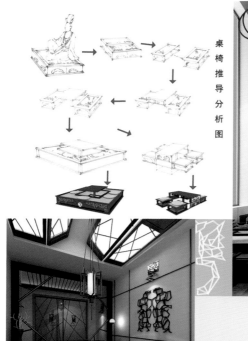

桌椅推导分析图

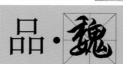

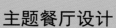

项目名称："阿迪亚"蒙式农家乐
作　　者：周国勇
单　　位：内蒙古工业大学
指导老师：孟春荣

阿迪亚 异构 蒙·元

南立面图 1:100

哈那墙的解构分析

平面布置图 1:100

奶茶馆设计参考星巴克之类的咖啡厅的感觉。是想把传统的蒙古奶茶在消费形式以及消费环境上提升一个档次。让他与大都市、国际化接轨。风格偏重现代风格，融合蒙元文化元素，与主体的圆形蒙古包的传统蒙古族建筑风格形成一种反差跟对比，形成一种矛盾，在矛盾中制造效果，更加突出两者的特点。

MONGOLIA

项目名称：少年派儿童艺术教育培训中心设计
作　　者：和　超
单　　位：内蒙古工业大学
指导老师：李　楠

"少年派"
儿童艺术教育培训中心设计

项目名称："金四季"假期休闲会所设计方案
作　者：郭　青
单　位：内蒙古工业大学
指导老师：李　丽

项目名称："加·简"青少年活动中心
作　　者：潘　菲
单　　位：内蒙古工业大学
指导老师：吕奇达

项目名称：中交一航局第四工程公司展厅设计方案
作　　者：陈志强
单　　位：内蒙古师范大学
指导老师：崔　瑞

中交一航局第四工程公司展厅设计方案
PAY A SHIPPING BOARD IN THE FOURTH EXHIBITION HALL DESIGN ENGINEERING COMPANY

项目名称：城市规划创意中心
作　者：刘　杰
单　　位：内蒙古师范大学
指导老师：陈　旻

项目名称：求索书店设计方案
作　　者：王　涛
单　　位：内蒙古师范大学
指导老师：王　鹏

〈 折纸 〉·〈 几何 〉·〈 千回百折 〉
求索书店设计方案 —— DESIGN OF PROBE BOOKSTORE

二层平面图

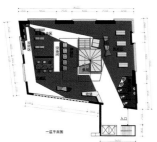

一层平面图

项目名称：波普艺术商业空间
作　　者：赵文婷、王梓蘅
单　　位：湖北美术学院
指导老师：梁竞云、吴　宁

艺术主题商业空间室内设计
POP ART COMMERCIAL INTERRIOR DESIGN

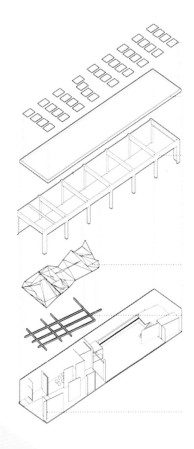

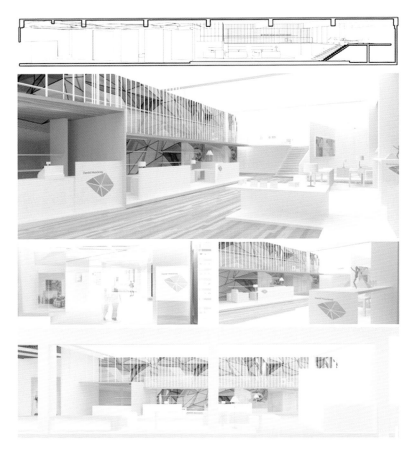

项目名称："连枝共冢"情感交流中心设计
作　者：王鑫瑶
单　位：内蒙古师范大学
指导老师：范　蒙

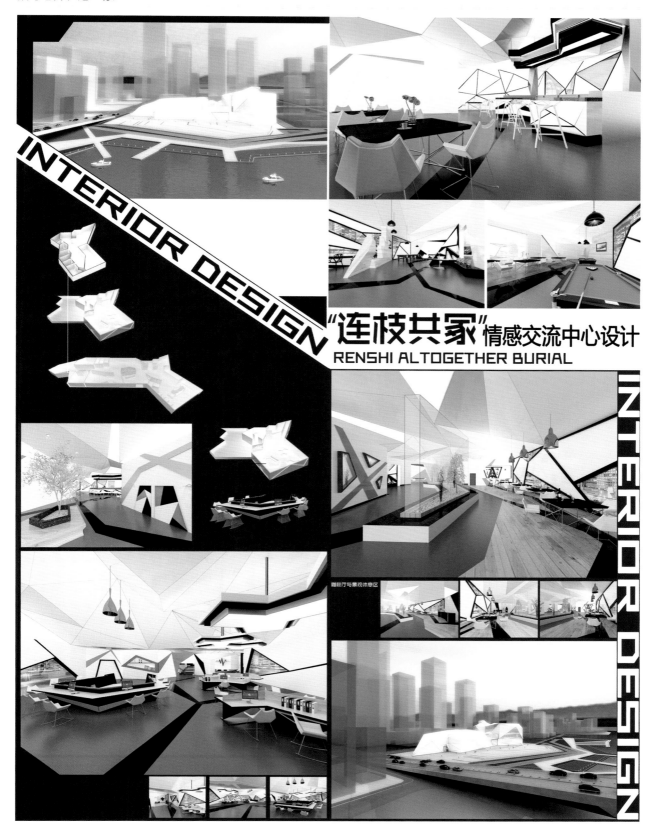

项目名称：孤独的城市——以五道口为例的城市空间类型的叙事研究
作　　者：于梦淼
单　　位：清华大学美术学院
指导老师：方晓风

建筑生成：建筑元素的收集、拆解和组装

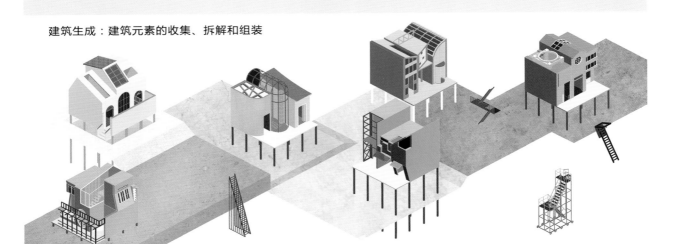

孤独的城市——以五道口为例的城市空间类型的叙事研究

室内的片段和意向

1

2

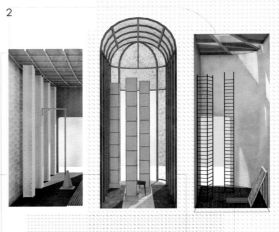

3

4

项目名称：鼓浪屿万国俱乐部室内设计
作　　者：周丽慧
单　　位：清华大学美术学院
指导老师：汪建松

万国俱乐部室内设计
GULANGYU WANGUO CLUBHOUSE
INTERIOR RE-DESIGN

2

新加坡骑楼
SINGAPOREAN SHOPHOUSES

新加坡简短的历史产生其简短的建筑史。新加坡的建筑风格体现了来自不同的地方和时期的风格的影响。在19世纪，两种混合的建筑类型学逐渐在新加坡演变发展。这些混合建筑类型包括骑楼和黑白平房。

骑楼是东南亚地区常见的建筑风格。他们通常是小两、三层结构，并结合靠近街道的区域是商业区域和阁楼处是居住住处。每个骑楼通常十分狭窄，是一个狭长的阶梯式建筑。但是，本店从前到后进深很长。

热带材质
TROPICAL MATERIAL

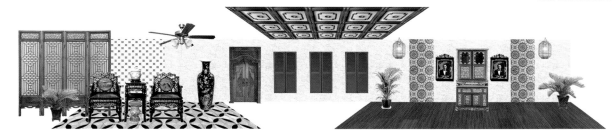

项目名称："梁言三舍"新中式茶社设计
作　　者：周星辰
单　　位：山东工艺美术学院
指导老师：梅剑平

THE NEW CHINESE TEAHOUSE DESIGN
新中式茶社设计

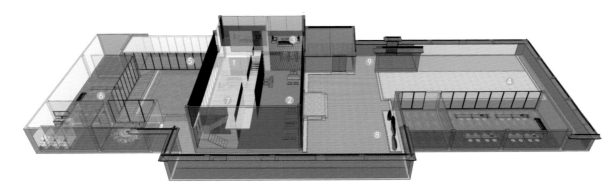

项目名称：北纬三十七度精品酒店及公共空间设计
作　　者：曹春宇
单　　位：山东工艺美术学院
指导老师：马　庆

项目名称：ISOLATED-Capsule Study 胶囊书房展示设计
作　　者：汪艺泽
单　　位：首都师范大学
指导老师：付　阳

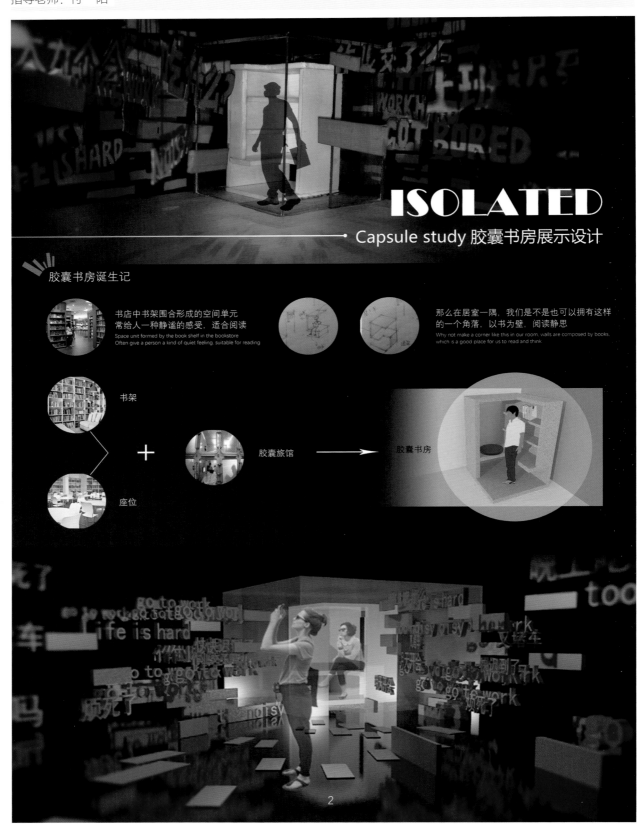

ISOLATED
Capsule study 胶囊书房展示设计

胶囊书房诞生记

书店中书架围合形成的空间单元
常给人一种静谧的感受，适合阅读
Space unit formed by the book shelf in the bookstore
Often give a person a kind of quiet feeling, suitable for reading

那么在居室一隅，我们是不是也可以拥有这样
的一个角落，以书为壁，阅读静思
Why not make a corner like this in our room, walls are composed by books,
which is a good place for us to read and think

书架

座位

胶囊旅馆

胶囊书房

项目名称：蔚蓝海风休闲度假酒店
作　者：辛雅楠
单　位：首都师范大学
指导老师：谢　杰

蔚蓝海风休闲度假酒店
——Blue Sea Breeze Resort Hotel

效果图展示：

1　大堂效果图展示

2　餐厅效果图展示

3　商务客房效果图展示

4　标间、大床房效果图展示

1

第一层做的是一个全玻璃幕墙的大堂，这样坐在大堂的休息区便可以看到海边的景色。其次第一层有镂空会让大堂显得更加敞亮，整体的吧台没有选择很复杂的设计，简单的圆弧将整个环境勾勒，也有提取了"海"的弧线。

2

第二层做的是一个自助餐厅，自助餐厅里面也会有包间，可以满足不同客户的需求。这与总体酒店的风格相匹配。风格就是简约现代的，没有过分的华丽，跟酒店的主题相契合。餐厅包间可以欣赏海边风景，同时外面的自由桌可以增加餐厅趣味性。

3

项目名称：798废旧空间改造
作　　者：麻　硕、刘梓雯、李雪芬
单　　位：首都师范大学
指导老师：张　彪

旧空间改造

 751动力广场，位于798东部，紧邻老炉区，

设计说明：方案是针对798废旧楼房内部的改造，此楼房原为办公空间，一层二层均为员工食堂，三层四层为办公室。设计在保留外立面的前提下，对建筑内部功能，装饰进行改变。主要将一层改为对外的咖啡休闲阅读区，二层依旧为员工食堂。三四层不变且不在本次设计范围内。设计灵感来自798空间纵横交错的管道，室内风格定位为工业风格。

工业风格　温馨舒适

单调乏味 毫无生机 冰冷粗糙 ＋ 绿植 布艺 皮革 灯光…… = 温馨舒适 简洁大方

项目名称：751主题空间设计——老炉文化广场改造
作　　者：庞偲渊、邢瑜彤、魏　苗
单　　位：首都师范大学
指导老师：张　彪

751主题空间设计——老炉文化广场改造

让老炉的生命得以延续

项目名称：APT SPACE 太空机械主题长廊改造
作　　者：张昊天、杨雪卿、韩　阳
单　　位：首都师范大学
指导老师：张　彪

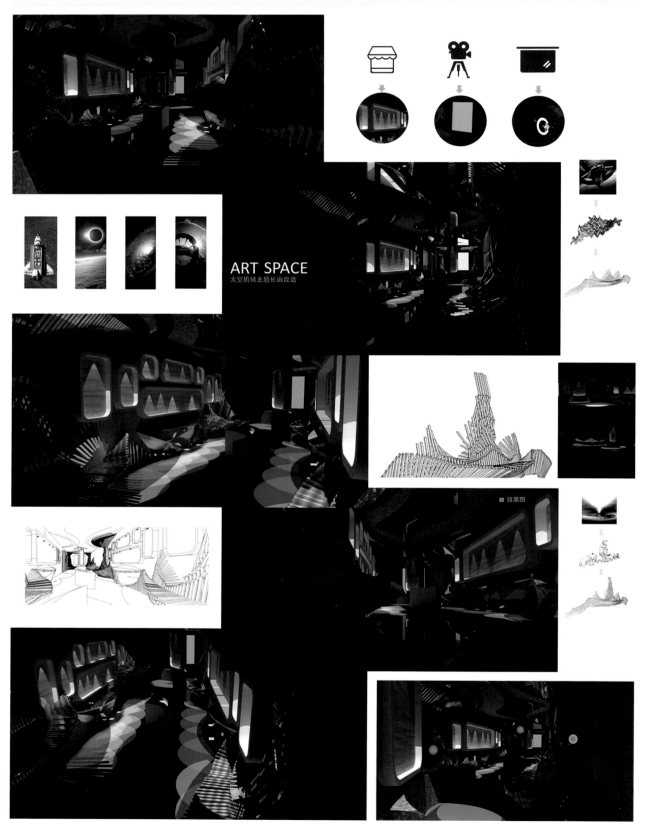

项目名称：夕阳乐土——川剧票友俱乐部及适老中心设计
作　　者：曹洧铭、于　青
单　　位：四川美术学院
指导老师：余　毅

5 乐·戏曲乡音
川剧票友俱乐部/ SICHUAN OPERA THEATRE CLUB

剧场效果图

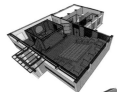

川剧俱乐部入口效果图

项目名称：晋文化主题餐厅室内设计
作　　者：陈　曦
单　　位：四川美术学院
指导老师：刘　蔓

晋文化主题餐廳

项目名称：“诗与远方”主题餐厅室内设计
作　　者：张显懿
单　　位：四川美术学院
指导老师：刘　蔓

设计说明
DESIGN ANALYSIS

A区就餐区效果图
3D Visualization 3D效果图

读书品酒区效果图
3D Visualization 3D效果图

设计感受
UNDERSTANDING OF DESIGN

每拿到一个新的设计课题就是我最兴奋的时候。因为对于我来说，每一个课题都具有无数种可能。
在前期我总是有非常多的想法想要去展开，这也是我喜欢设计的一个重要原因。
这一次的主题餐厅是我自己也比较满意的设计，从整个空间到局部再到细节。“如何将主题文化贯穿到设计当中”，“怎么样运用文化去设计”，“在设计的过程中如何解决各种功能和技术问题”，“设计的意义和情感表达”，这些都是我在本次学习过程中深有体会的。
大学即将毕业，像现在这样充分融入自己想法理念的设计机会需要通过不断的努力去争取。
我深知对于这个行业的喜爱会是我一直往前的动力。

2016居然杯CIDA中国室内设计大奖学院奖获奖作品集

項目名称：光语——重庆地铁三号线工贸站光环境设计
作　　者：彭　程
单　　位：四川美术学院
指导老师：龙国跃

项目名称：皮影主餐厅空间与照明设计
作　者：易涵蔚
单　位：四川美术学院
指导老师：龙国跃、江　楠、刘　蔓

皮影主題餐廳 空間與 照明設計

壹

主題分析 THEMATIC ANALYSIS

設計說明 CONCEPT

　　整個餐廳的設計以"皮影"爲主題，"皮影"這個事物本身就是光與影交織的結合。要使整個餐飲空間的照明手法更爲多變豐富，除了強調功能的基本照明以外，更加強調空間氛圍的營造，突出重點照明顯得格外重要。通過適當的照明，引導餐廳的動線，並借由燈光的聚焦與配圖，使得吸引顧客的停留，從而帶給顧客舒適享受的就餐氛圍。

照明設計目標 LITGHTING DESIGN PURPOES

● 一般照明、重點照明、裝飾性照明相結合
● 用燈光烘托文化氛圍
● 營造舒適、令人享受的就餐空間
● 更好地展示皮影文化

照明設計內容 LITGHTING DESIGN CONTENT

　　在整個餐飲空間中，爲營造氛圍並強調與整體室內環境的融合，所以運用基礎光、重點光、背景光、裝飾光等多手法的照明手段營造多層次的立體照明。

　　從平面圖展開，依次展開不同空間的所需燈具選擇以及詳細的燈具信息，利用偽色圖進行照度模擬。再對照明功能進行分析，包括平面照明、立面照明等，最後展示設計成果透視效果圖。

意向圖 LITGHTING DESIGN PURPOES

平面分析 PLANE ANALYSIS

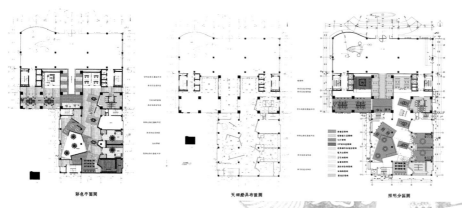 

彩色平面圖　　　　　　天頭燈具布置圖　　　　　　照明分區圖　　　　　　軸測圖

项目名称：新中式餐饮空间灯光照明设计
作　　者：张鹏飞
单　　位：四川美术学院
指导老师：龙国跃、江　楠、刘　蔓

新中式 餐饮空间
A lighting design 灯光照明设计

项目名称："茗艿涧"养生会所
作　　者：董毅鹏、代　杨、陈邦锦
单　　位：四川音乐学院成都美术学院
指导老师：傅　璟、申　明

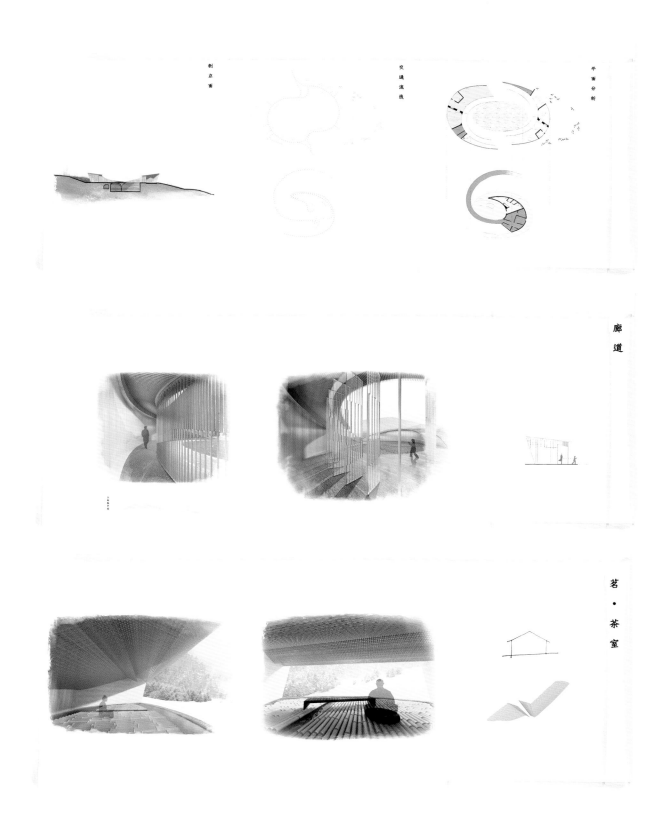

项目名称：独食——单人主题餐厅
作　　者：王　雪、王姗姗、胡丽娜
单　　位：四川音乐学院成都美术学院
指导老师：傅　璟、申　明

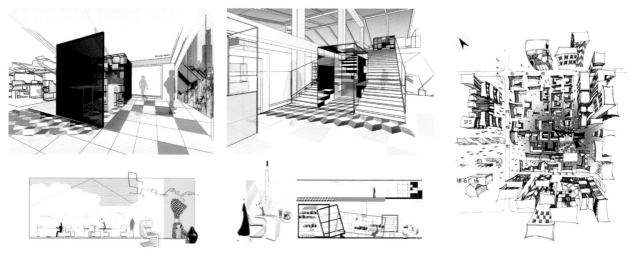

项目名称：联创驿馆
作　　者：姬亚杰、张泽逸、任园园
单　　位：四川音乐学院成都美术学院
指导老师：傅　璟、申　明

项目名称：择山而居——匠人之舍
作　者：田　秦、白　娜、邓卉丹、王靖婷
单　位：四川音乐学院成都美术学院
指导老师：傅　璟、申　明

项目名称：石应语——河北省石家庄市谷家峪村乡村文化活动中心设计
作　　者：李嘉鹏、刘　然
单　　位：天津美术学院
指导老师：彭　军、高　颖

项目名称：迷失甘孜——西藏甘孜"云舍"特色酒店设计
作　　者：孔　健、李明月
单　　位：天津美术学院
指导老师：王　强、鲁　睿

　　迷失甘孜像是一个关于藏族文化的博物馆，而游客却又能够亲身感受体验，"生活"在其中。
　　设计选址在中国圣洁莫丽的甘孜、康定情歌的故乡，拥有神奇的自然风光，博大精深的康巴文化和绚丽多彩的民族风情。"天赐甘孜"是上天恩赐给生活在这片大地上的人们体养生息的福地，更是恩赐给世人的珍贵礼物。春天你来看梨花开遍山野；在盛夏的骄阳中给你一片清凉境地；而到了秋天，上天更是把丰盛的祝福铺满天地，无论什么时候，只要你来，甘孜从来未曾令你失望，迷失甘孜给你惊喜。

项目名称：知与谁同——河北蠡县梁斌、黄胄故居改造设计
作　　者：杜宝锐、卢　帆
单　　位：天津美术学院
指导老师：朱小平、孙　锦

项目名称：星垂松山——河北省长河套村建筑及室内设计
作　　者：徐　蓉、徐　菁
单　　位：天津美术学院
指导老师：彭　军、高　颖

总平面图

项目名称：湖州市安吉剑山乡村度假公园民宿设计
作　者：张春惠、余　娜
单　位：天津美术学院
指导老师：彭　军、高　颖

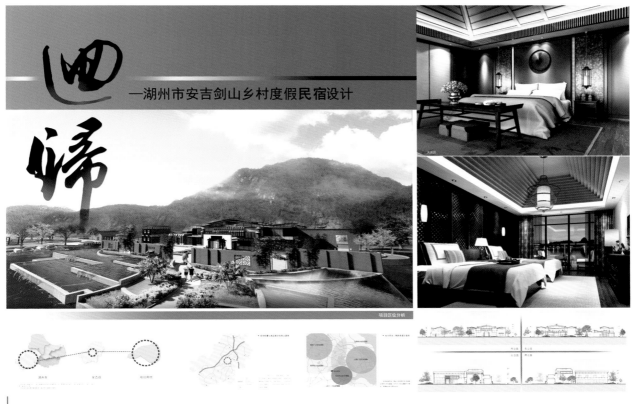

室内效果图

项目名称：安康市水乡天街酒店室内设计
作　　者：孙博闻
单　　位：西安交通大学
指导老师：张伏虎

酒文化主题 THE CLUTURE OF LIQUOR

安康市水乡天街酒店室内空间设计
ANKANG "SHUIXIANGTIANJIE" HOTEL DESIGN

安康市水乡天街酒店室内空间设计

酒吧效果图 Rendering 展示

项目名称：西安创新设计中心办公空间设计
作　　者：黄　兴
单　　位：西安交通大学
指导老师：张伏虎

XI'AN INNOVATION AND
DESIGN CENTER
[西安创新设计中心]

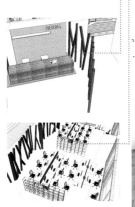

植物意向图

项目名称：安康市水乡天街酒店室内设计
作　　者：杜怡潇
单　　位：西安交通大学
指导老师：张伏虎

可再生纸的运用
—安康"水乡天街"酒店室内设计

The use of recycled paper
Ankang "water day village street" Hotel Interior Design

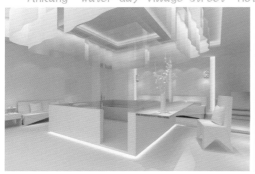

项目名称："未来社"老年公寓绿色室内空间设计
作　　者：王艳茹
单　　位：西安交通大学
指导老师：张伏虎

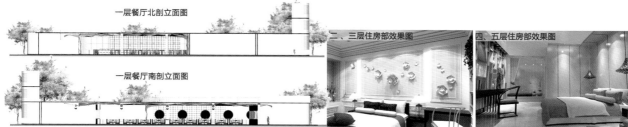

一层餐厅北剖立面图

一层餐厅南剖立面图

二、三层住房部效果图

四、五层住房部效果图

餐厅半圆桌区效果图

餐厅包间效果图

餐厅效果图

餐厅细节效果图

项目名称："栖息"住宅室内空间设计
作　　者：赵兴杨
单　　位：西安交通大学
指导老师：张伏虎

栖息 —— 住宅室内空间设计

平面布置图

"澄懷觀道"，本是禪的境界……拈花微笑裏領悟色相中微妙至深的禪境。這一禪境亦十分精妙地呈示了在審美主客體的交融升華中達到的最高審美境界。"澄觀一心而騰踔萬象"是中國人的文化心靈所深深領悟的一個審美主題。

本案采用現代新中式的設計風格，傳承傳統中式文化的同時融入簡潔的現代生活元素，力求用最樸實素淨的語言闡述一種舒適簡居的生活環境。在設計中摒棄過多繁複的設計元素，化繁為簡、點到爲止，追求功能的完善，顯現了業主的一種生活方式、生活態度、生活品味。

项目名称：神经元——创客艺术空间设计
作　　者：董泊锋、纪韵卿、严文伯、吴　徽
单　　位：西安美术学院
指导老师：周　靓、濮苏卫

项目名称：生态艺术主题馆设计
作　　者：董斯然
单　　位：西安美术学院
指导老师：周维娜

ECOLOGICAL ART
DESIGN THEME PAVILIONS
生态艺术主题馆设计

新技术引导下的空间界面设计研究
Space interface design research guided by the new technology

项目名称：甲骨文——当代中式家俬设计
作　　者：任卓颖、吕永康、闫盛杰、郝　悦
单　　位：西安美术学院
指导老师：濮苏卫、周　靓

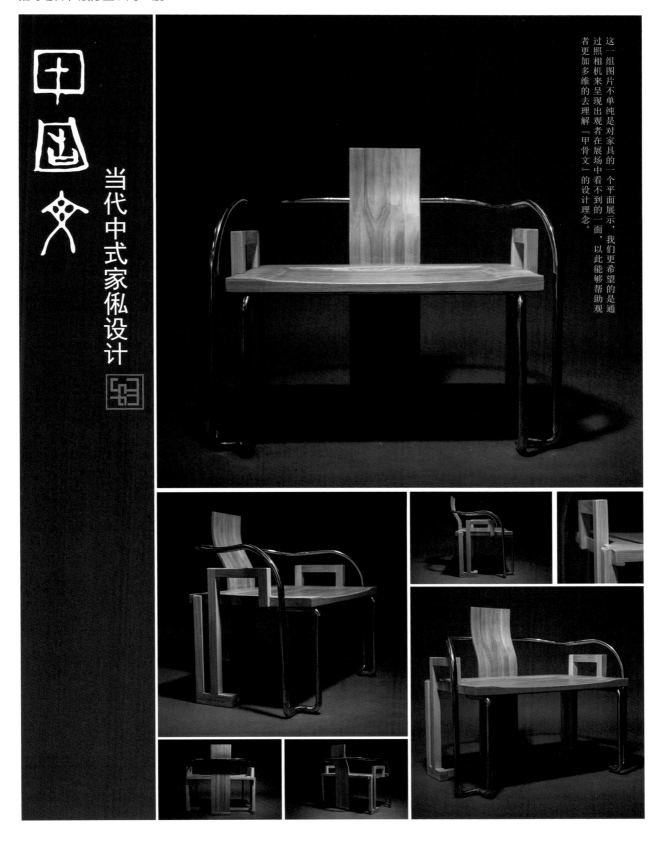

甲骨文

当代中式家俬设计

这一组图片不单纯是对家具的一个平面展示，我们更希望的是通过照相机来呈现出观者在展场中看不到的一面，以此能够帮助观者更加多维的去理解『甲骨文』的设计理念。

项目名称：京味儿胡同博物馆
作　者：赵　磊、陈　琢、朱之彦
单　位：西安美术学院
指导老师：周维娜

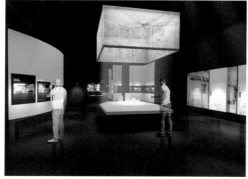

项目名称：时空印记——工业1.0的亡语复苏 大华纺织工业遗址博物馆设计
作　　者：李郁亮、刘政委
单　　位：西安美术学院
指导老师：周维娜

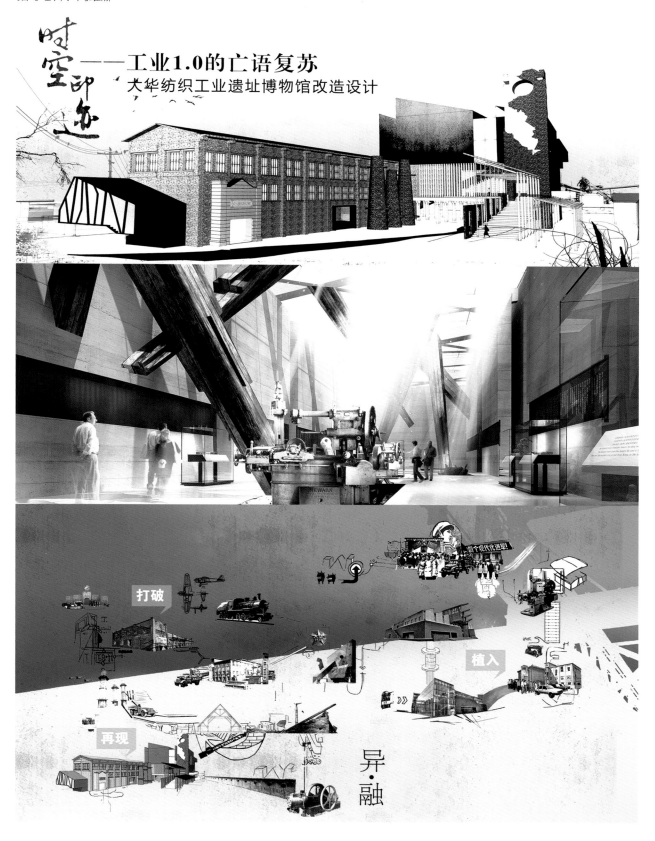

项目名称：ARO雪山度假酒店设计
作　　者：张建方
单　　位：西南交通大学
指导老师：曾　勇

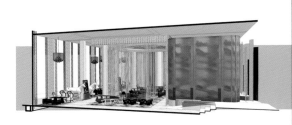

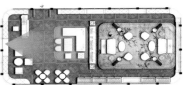

项目名称：奥美广告LOFT办公空间设计
作　者：何嘉伟
单　位：西南交通大学
指导老师：项立新

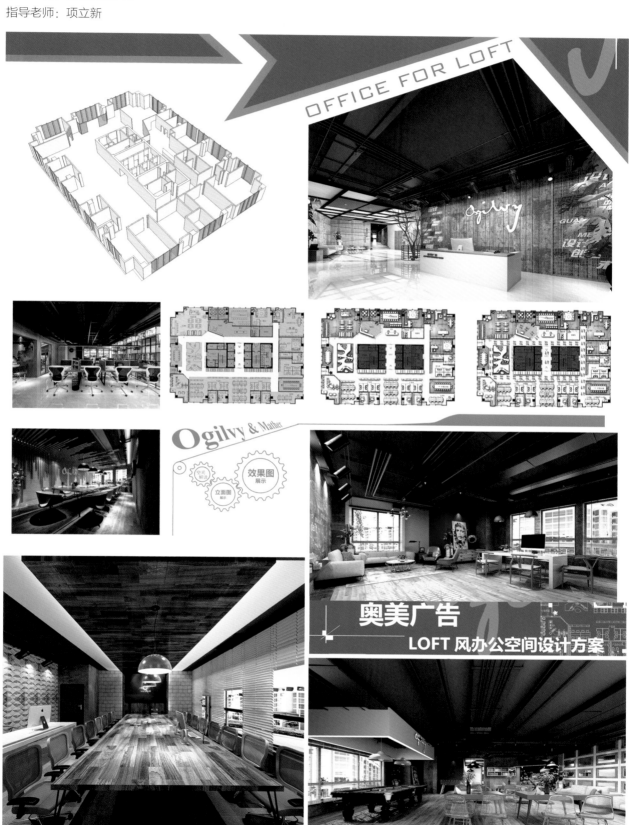

项目名称：北部湾九号
作　　者：陈郡东
单　　位：西南交通大学
指导老师：吴贵凉

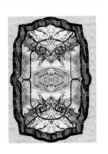

项目名称：成都朗豪商务酒店设计
作　　者：陈玉婷
单　　位：西南交通大学
指导老师：曾　勇

成都·朗豪商务酒店

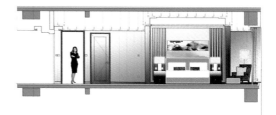

项目名称：山家清供素食餐厅方案设计
作　　者：贾凯莉
单　　位：西南交通大学
指导老师：项立新

礼贵简 / 言贵直 / 所尚贵清
食以清 / 品以雅 / 山家清供

素食餐厅设计 VEGETARIAN RESTAURANT DESIGN

项目名称：养老·适老·享老——长春瀚泽堂养老院旧建筑改建室内设计
作　　者：董泽宏
单　　位：延边大学
指导老师：崔向日

养老·适老·享老--长春瀚泽堂养老院旧建筑改建室内设计

二层走廊 1

活动室 2

客厅

卫生间

客房

项目名称：公社食堂
作　　者：蔡沓露
单　　位：中国美术学院
指导老师：李凯生、董　莳、王　勤

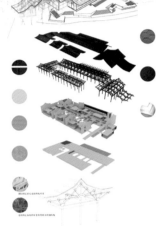

项目名称：云壑间
作　　者：傅卓儿、张晓庆、刘云龙、张忠炫、吕兰婷
单　　位：中国美术学院
指导老师：陈　坚、金　捷、梁　宇

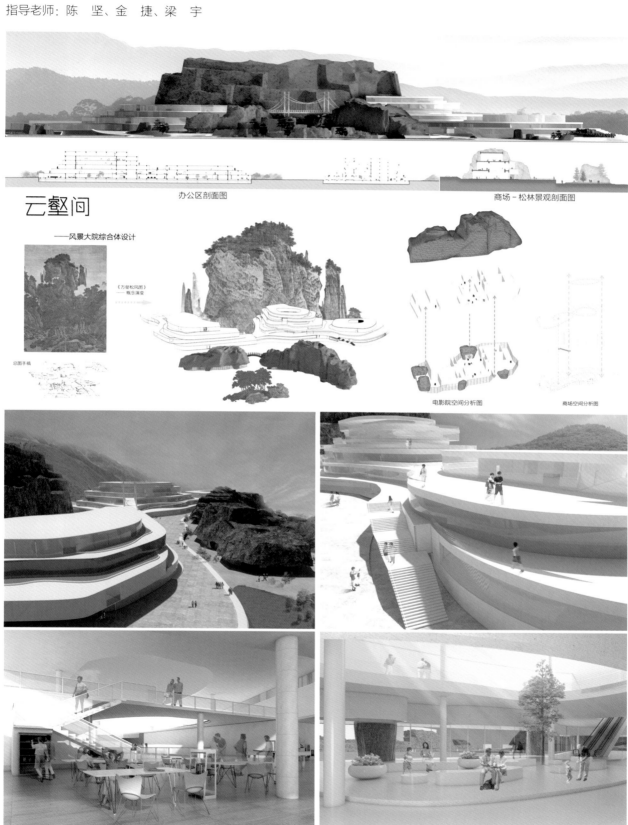

办公区剖面图　　　　　商场－松林景观剖面图

云壑间

——风景大院综合体设计

《万壑松风图》
——概念演变

总图手稿

电影院空间分析图　　商场空间分析图

项目名称：记忆黑匣
作　　者：李颖诗
单　　位：中国美术学院
指导老师：李　驰、苏弋旻石、宏　超、梁　宇

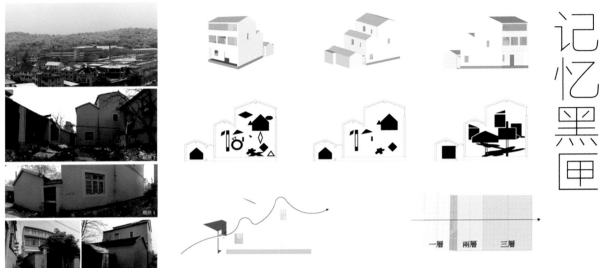

记忆黑匣

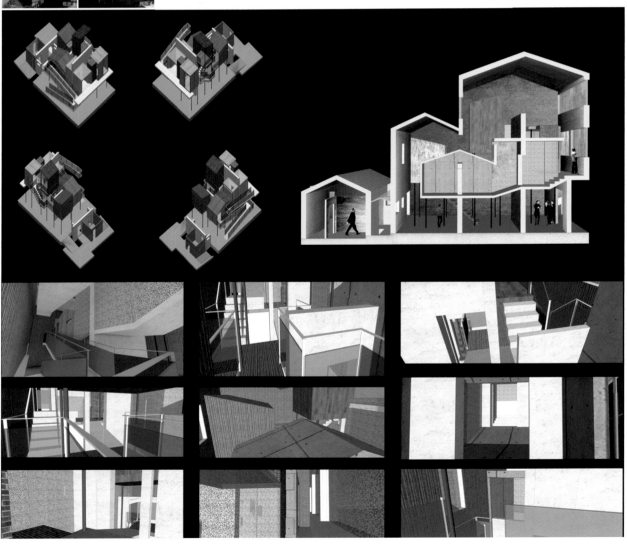

项目名称：《UNDERROOF》屋檐下
作　　者：梁云鹏、伍时睿
单　　位：中国美术学院
指导老师：助川刚、罗瑞阳、张天臻

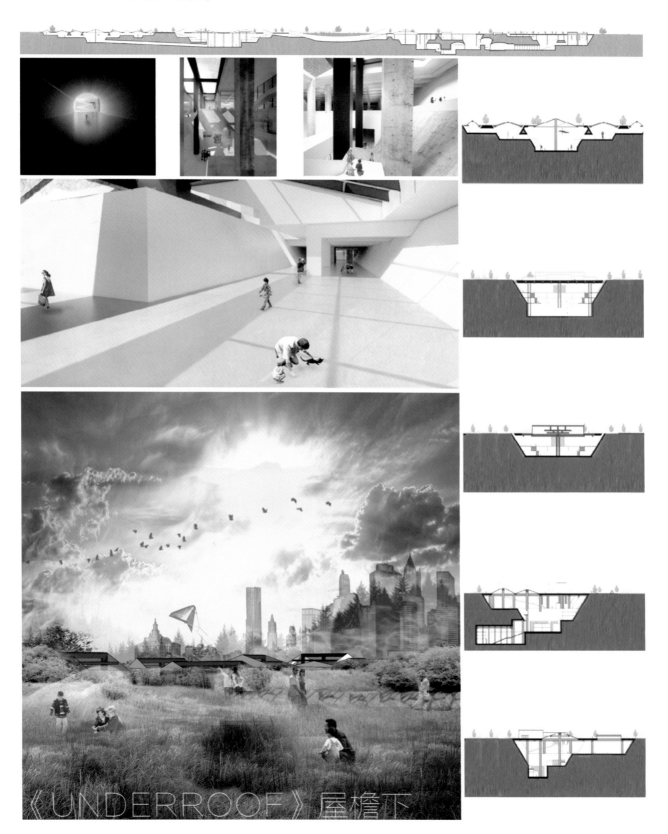

《UNDERROOF》屋檐下

项目名称：重构剧场
作　　者：吴　冰
单　　位：中国美术学院
指导老师：李凯生

项目名称：街道放映场
作　者：穆怡然
单　位：中央美术学院
指导老师：韩文强、杨　宇、崔冬晖

街道放映场
THEATER IN HUTONG

影剧场所
MOVIE DRAMA HOSTEL
青年旅舍

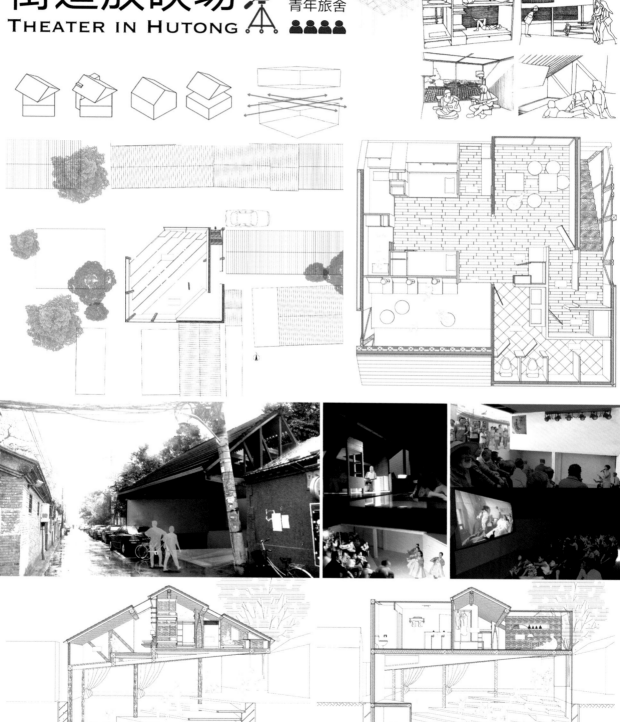

项目名称：积木盒子
作　　者：李子恒
单　　位：中央美术学院
指导老师：韩文强、杨　宇、崔冬晖

积木盒子

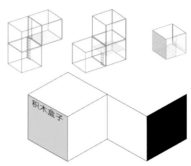

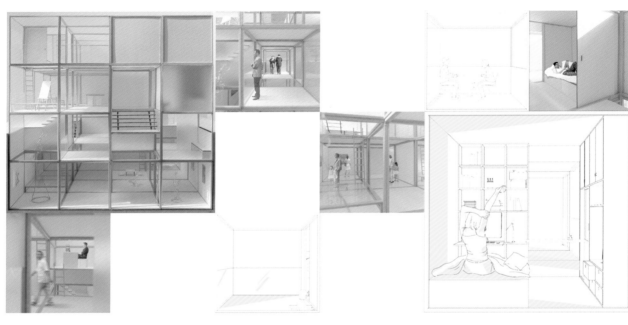

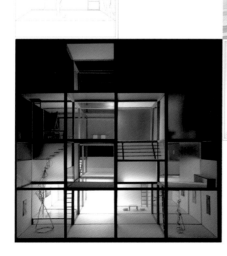

项目名称：隐士禅院
作　　者：骆欣明
单　　位：中央美术学院
指导老师：韩文强、杨　宇、崔冬晖

胡同寺庙 — 隐士禅院

小隐于野，大隐于市。
对外：置身社区生活之中的修行
对内：寻求自我与内心的修行

[任务书]
胡同寺庙——隐士禅院
○对内：为 1-3 位禅修人士提供小周期居住修行
○对外：面向社区提供禅修课程 / 讲经布道 / 为节日活动提供场地

关于禅宗
禅宗是由于佛教文化东渐，在中国文化土壤上形成的一个叫中国佛教宗派。
○梵我合一，我心即佛，佛即我心；
禅宗寺庙中很少有实体佛像出现
○顿悟见性的修行方式，通过渐修或顿悟发见本心；
强调禅士的身体与空间的介入关系
○"以心传心 "、"自解自悟 "、" 不着文字 "；
不受繁文缛节的局限
[绳的介入]
○空间上：作为"软墙体"，一种"虚"的屏障以划分空间
○功能上：作为楼梯以及高处平台的维护
○宗教意义上：禅宗宇宙观的体现，静观的微缩园林

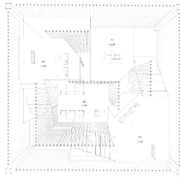

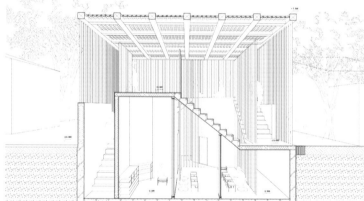

项目名称：云舍
作　　者：李　懿、汪洋瀚、吴　锐、于　琦
单　　位：中央民族大学
指导老师：何　威

云北里
BEILI

项目名称：玄学之"木"
作　　者：李　媛
单　　位：内蒙古师范大学
指导老师：王　鹏

项目名称：和风日式度假酒店
作　　者：常耀芳
单　　位：内蒙古师范大学
指导老师：王　鹏

和风

酒店设计——日式度假酒店

项目名称：翻转教室——跳脱教学空间的既有模式
作　者：郑亦翔、钟雨庭
单　位：中原大学
指导老师：陈文亮